TEGAOYA SHUDIAN GONGCHENG
SUODAO YUNSHU JISHU JI YINGYONG

特高压输电工程
索道运输技术及应用

主编 李霖 韩旸

中国电力出版社
CHINA ELECTRIC POWER PRESS

内 容 提 要

本书涵盖了架空输电线路施工货运索道的基础知识，使用、试验关键工序，计算方法等项目，重点讲述了重型组合索道的使用案例，表述力求言简意赅、通俗易懂，整体侧重于基础性、实践性。希望读者通过对本书的阅览和学习，能够对架空输电线路施工货运索道建立初步概念，了解施工货运索道在设计、结构、类型、使用与管理的标准，了解施工货运索道在实际应用中的标准化、规范化流程。

图书在版编目（CIP）数据

特高压输电工程索道运输技术及应用/李霖，韩旸主编. —北京：中国电力出版社，2021.1
ISBN 978-7-5198-4506-3

Ⅰ.①特…　Ⅱ.①李…②韩…　Ⅲ.①输电线路–工程施工–架空索道运输　Ⅳ.①TM726

中国版本图书馆 CIP 数据核字（2020）第 055045 号

出版发行：中国电力出版社
地　　址：北京市东城区北京站西街 19 号（邮政编码 100005）
网　　址：http://www.cepp.sgcc.com.cn
责任编辑：周秋慧（010-63412627）
责任校对：黄　蓓　闫秀英
装帧设计：赵姗姗
责任印制：石　雷

印　　刷：北京天宇星印刷厂
版　　次：2021 年 1 月第一版
印　　次：2021 年 1 月北京第一次印刷
开　　本：710 毫米×1000 毫米　16 开本
印　　张：9
字　　数：168 千字
印　　数：0001—1500 册
定　　价：50.00 元

版 权 专 有　侵 权 必 究

本书如有印装质量问题，我社营销中心负责退换

编 委 会

主　编　李　霖（国网山东省电力公司潍坊供电公司）

　　　　韩　旸（国家电网有限公司技术学院分公司）

副主编　韩增永（国网山东省电力公司泰安供电公司）

　　　　李丰硕（国网山东省电力公司潍坊供电公司）

编写人　肖雪峰（国网山东省电力公司建设公司）

　　　　李翠玲（国网山东省电力公司高密市供电公司）

　　　　方建筠（国家电网有限公司技术学院分公司）

　　　　李艳萍（国家电网有限公司技术学院分公司）

　　　　张益霖（国网长春供电公司）

　　　　李　洋（国家电网有限公司技术学院分公司）

　　　　曲　昀（国家电网有限公司技术学院分公司）

　　　　姜一涛（国家电网有限公司技术学院分公司）

　　　　马骁壮（国家电网有限公司技术学院分公司）

　　　　姜文佳（国家电网有限公司技术学院分公司）

　　　　王若曦（国家电网有限公司技术学院分公司）

　　　　夏　露（国家电网有限公司技术学院分公司）

　　　　贾　芊（国家电网有限公司技术学院分公司）

　　　　罗　强（国家电网有限公司技术学院分公司）

　　　　张　超（国家电网有限公司技术学院分公司）

　　　　刘　岩（国家电网有限公司技术学院分公司）

　　　　马小然（国家电网有限公司技术学院分公司）

顾　灏（国网山东省电力公司曲阜市供电公司）

李　敏（国网山东省电力公司济宁供电公司）

贾克军（国网山东省电力公司昌乐县供电公司）

刘志强（国网山东省电力公司建设公司）

封新友（安徽送变电工程有限公司）

公培磊（国网山东省电力公司临沂供电公司）

周庆发（国网山东省电力公司东营供电公司）

程　超（国网山东省电力公司沂水县供电公司）

王　超（安徽送变电工程有限公司）

谢　磊（国网物资有限公司）

黄　磊（国网江苏省电力工程咨询有限公司）

张　超（中国电建集团河南省电力勘测设计院有限公司）

金　森（中国能源建设集团安徽省电力设计院有限公司）

孙海栋（天津送变电工程有限公司）

李洪伟（吉林省送变电工程有限公司）

曹　森（国网冀北电力有限公司检修分公司）

王　育（吉林省送变电工程有限公司）

刘明洋（天津送变电工程有限公司）

前　言

　　当前，我国特高压电网发展进入了大规模建设阶段，对施工技术、施工能力提出了更大的挑战和更高的要求。一方面，随着工程电压等级的提高，架空输电线路材料和施工装备的体积与质量不断增大，运输总量倍增；另一方面，架空输电线路的路径条件日趋复杂，运输路径的选取日益困难，修建运输道路的成本和运输效率难以满足工程建设需要。采用传统的运输方式不仅费用高、工效低，而且易对周边环境造成影响。架空输电线路施工货运索道具有路径易选取、运输性能优、载荷大、适用性强、工效高、受天气及外部环境影响小等特点，能有效解决输电线路施工山地运输问题，减少清赔和筑路费用，缩短建设工期，保护生态环境。为推广索道的应用，提高索道标准化应用，降低施工安全风险，组织相关人员编写本书。

　　本书涵盖了架空输电线路施工货运索道的基础知识，使用、试验关键工序，计算方法等项目，重点讲述了重型组合索道的使用案例，表述力求言简意赅、通俗易懂，整体侧重于基础性、实践性。希望读者通过对本书的阅览和学习，能够对架空输电线路施工货运索道建立初步概念，了解施工货运索道在设计、结构、类型、使用与管理的标准，了解施工货运索道在实际应用中的标准化、规范化流程。

　　本书在编写过程中得到了众多专家的支持，在这里特别感谢韩增永、张益霖等同志，在本书的编写过程中，提供了大量现场技术资料支持。编委会成员既有专门从事线路建设培训教学工作的师资专家，也有在特高压工程项目一线从事建设的技术专家。希望通过这样的组合，能够更好地将施工现场最新的技术实践经验转化成培训所用的理论知识。

　　由于编者技术水平有限，书中难免存在不妥或疏漏之处，恳请广大读者批评指正。

编　者

2020 年 10 月

目 录

前言

1

索 道 类 型

　　架空输电线路施工专用货运索道，是一种将钢丝绳架设在支撑结构上作为运行轨道，用于架空输电线路施工运输物料的专用运输系统，本书中简称为索道。索道种类繁多，按照有中间支架的数量，可分为无中间支架的单跨索道和至少有一个中间支架的多跨索道；按照运行轨道索道数量，可分为使用单根承载索的单索索道和使用两根及以上承载索的多索索道；按照货车的运行方式，可分为循环运行的循环式索道和往复运行的往复式索道；按照运输系统数量，可分为独立运输系统的单级索道和两个及以上单级索道组成索道群系统的多级索道。本书就架空输电线路施工常见的组合类型进说明。

1.1　单跨单索循环式索道

　　单跨单索循环式索道运输方式宜用于跨距不超过 1000m，档内总运重不超过 20kN 的点对点物料运输。若物料运输为多挂点方式，则需验算后方能使用。单跨单索循环式索道由承载索、返空索、牵引索、牵引装置、始端支点、终端支架等部分组成，现场布置如图 1－1 所示。

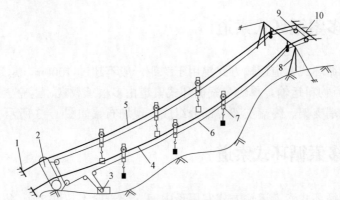

图 1－1　单跨单索循环式索道运输现场布置示意图

1—始端地锚；2—始端支点；3—牵引装置；4—承载索；5—返空索；6—牵引索；
7—货车；8—终端支架；9—高速滑车；10—终端地锚

1.2　多跨单索循环式索道

多跨单索循环式索道运输方式宜用于中间支架不超过 7 个，每跨跨距不超过 600m，全长一般不超过 3000m，总运重不超过 20kN 的远距离物料运输。多跨单索循环式索道由承载索、返空索、牵引索、牵引装置、始端支架、中间支架、终端支架等部分组成，现场布置如图 1-2 所示。

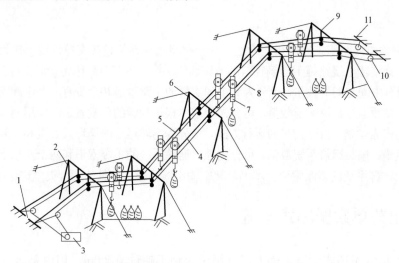

图 1-2　多跨单索循环式索道运输现场布置示意图

1—始端地锚；2—始端支架；3—牵引装置；4—承载索；5—返空索；6—中间支架；
7—货车；8—牵引索；9—终端支架；10—高速滑车；11—终端地锚

1.3　单跨多索循环式索道

单跨多索循环式索道运输方式宜用于跨距一般不超过 1000m，总运重为 20～40kN 的点对点物料运输。单跨多索循环式索道由多根承载索、返空索、牵引索、牵引装置、始端支架、终端支架等部分组成，现场布置如图 1-3 所示。

1.4　多跨多索循环式索道

多跨多索循环式索道运输方式宜用于中间支架一般不超过 7 个，每跨跨距不超过 600m，全长不超过 3000m，总运重为 20～40kN 的远距离物料运输。多跨多索循环式索道由多根承载索、返空索、牵引索、牵引装置、始端支架、中间支架、终端支架等部分组成，现场布置如图1-4所示。

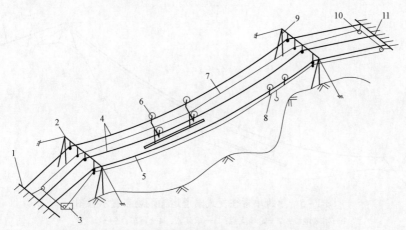

图1-3 单跨多索循环式索道运输现场布置示意图

1—始端地锚；2—始端支架；3—牵引装置；4—承载索；5—返空索；6—货车；
7—牵引索；8—返空车；9—终端支架；10—高速滑车；11—终端地锚

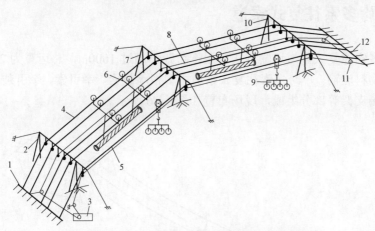

图1-4 多跨多索循环式索道运输现场布置示意图

1—始端地锚；2—始端支架；3—牵引装置；4—承载索；
5—返空索；6—货车；7—中间支架；8—牵引索；
9—返空车；10—终端支架；11—高速滑车；12—终端地锚

1.5 单跨单索往复式索道

单跨单索往复式索道运输方式宜用于跨距不超过1000m，总运重不超过20kN的点对点物料运输。单跨单索往复式索道由承载索、牵引索、牵引装置、始端支点、终端支架等部分组成，现场布置如图 1-5 所示。对于高差大的往复式索道运输，可将牵引装置布置在高端支点处，依靠重力实现货车回程。

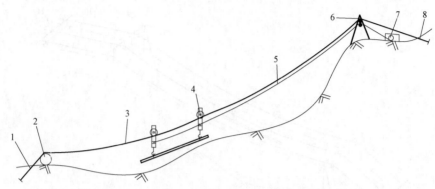

图 1-5　单跨单索往复式索道运输现场布置示意图

1—始端地锚；2—始端支点；3—承载索；4—货车；5—牵引索；

6—终端支架；7—牵引装置；8—终端地锚

1.6　单跨多索往复式索道

单跨多索往复式索道运输方式宜用于跨距不超过 1000m，总运重为 20～40kN 的点对点物料运输。单跨多索往复式索道由多根承载索、牵引索、牵引装置、始端支架、终端支架等部分组成，现场布置如图 1-6 所示。

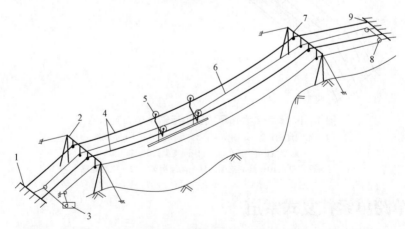

图 1-6　单跨多索往复式索道运输现场布置示意图

1—始端地锚；2—始端支架；3—牵引装置；4—承载索；5—货车；6—牵引索；

7—终端支架；8—高速滑车；9—终端地锚

1.7 缆式吊车索道

缆式吊车索道运输方式是一种具有吊车功能的往复货运索道运输方式，一般只有一台货车并具有两套独立驱动系统，宜用于装载点在峡谷底部而卸载点在两侧山顶、总运重一般不超过 20kN 的物料运输。缆式吊车索道由承载索、牵引索、提升索、牵引装置、始端支架、中间支架、终端支架等部分组成，现场布置如图 1-7 所示。

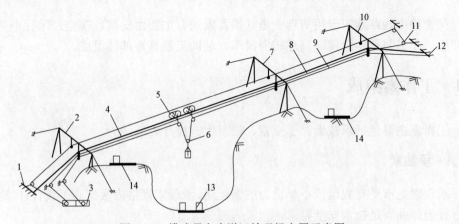

图 1-7　缆式吊车索道运输现场布置示意图

1—始端地锚；2—始端支架；3—牵引装置；4—承载索；5—货车；6—提升系统；7—中间支架；8—牵引索；
9—提升索；10—终端支架；11—高速滑车；12—终端地锚；13—装载场；14—卸载场

2

索道组成及路径选择

架空输电线路施工专用货运索道（简称索道）主要由支架、鞍座、运行小车、工作索、牵引装置、地锚、高速转向滑车、辅助工器具等部件组成。

2.1 工作索组成

工作索主要包括承载索、返空索、牵引索、提升索等。

2.1.1 承载索

承载索是承受有载运行小车重力的钢丝绳，承载索规格应根据施工设计计算结果进行选择并满足技术安全要求。

承载索宜采用密封钢丝绳，钢丝公称抗拉强度不宜小于 $1370N/mm^2$。选用一般钢丝绳时，按照 GB/T 20118—2017《钢丝绳通用技术条件》选用线接触或面接触钢丝绳，公称抗拉强度不宜小于 $1670N/mm^2$。

为施工方便，承载索的最大直径不宜超过 26mm，超过时应采取多根索承载方式。

一个拉紧区段内，承载索宜采用整根钢丝绳。

承载索的安全系数取值范围为 2.6～2.8。

2.1.2 返空索

返空索是承受空载运行小车重力的钢丝绳，返空索一般选用线接触的钢丝绳，为减小返空索架设难度、减少使用规格等，一般只考虑承受空车及少量机具等物料的质量，返回单件质量超过 400kg 的应由承载索运输。

2.1.3 牵引索

牵引索是牵引运行小车在承载索或返空索上运行的钢丝绳，牵引索应选用线接触或面接触同向捻带绳芯的股捻钢丝绳，其钢丝公称抗拉强度一般不宜小于 1670MPa。

牵引索的安装弧垂取承载索安装弧垂的 1.3～1.5 倍。

2.1.4　工作索系统构成

单索索道构成见表 2-1。

表 2-1　单 索 索 道 构 成

系统名称	系统构成
支架系统	四立柱钢管 A 型支架，ϕ160 钢管结构，壁厚 8mm。顶部横梁 800mm，底部距离 3000mm。拉线采用顺线路 4 根拉线，横线路 2 根拉线。拉线组成为 ϕ15.5 钢丝绳套＋5t 链条葫芦＋5t 地锚（或铁桩）。支架高度选择为 4.3～6m，支架支撑脚选择人字腿结构，法兰连接，夹角不大于 45°
绳索系统	承托绳为 1 根 ϕ28 钢丝绳，钢丝绳结构采用 6×K36WS＋IWRC，长度根据索道长度确定； 牵引索为 1 根 ϕ16 钢丝绳，长度根据索道长度确定
锚固系统	钢板式地锚，承载索设置 2 块 10t 钢板地锚，经平衡滑车调整连接在绳索上；牵引索设置 2 块 5t 钢板地锚，连接转向滑车，形成循环系统
牵引系统	后桥式牵引机
其他	行走小车考虑承载力为 50kN，上部安装 2 行走轮，小车本体形状、钳口尺寸等均与鞍座和牵引索直径相匹配

双索索道构成见表 2-2。

表 2-2　双 索 索 道 构 成

系统名称	系统构成
支架系统	四立柱钢管 A 型支架，ϕ160 钢管结构，壁厚 8mm，拉线采用顺线路 4 根拉线，横线路 2 根拉线。拉线组成为 ϕ15.5 钢丝绳套＋5t 链条葫芦＋5t 地锚（或铁桩）。支架高度选择为 4.3～6m，支架支撑脚选择人字腿结构，法兰连接，夹角不大于 45°
绳索系统	承托绳为 2 根 ϕ26 钢丝绳，长度根据索道长度确定； 牵引索为 1 根 ϕ16 钢丝绳，长度根据索道长度确定
锚固系统	钢板式地锚，单根承载索设置 2 块 10t 钢板地锚，经平衡滑车调整连接在绳索上；索引索设置 2 块 5t 钢板地锚，连接转向滑车，形成循环系统
牵引系统	桥式牵引机
其他	行走小车考虑承载力为 50kN，上部安装 4 个行走轮小车本体形状、钳口尺寸等均与鞍座和牵引索直径相匹配

四索索道构成见表 2-3。

表 2-3　四 索 索 道 构 成

系统名称	系统构成
支架系统	四立柱钢管 A 型支架，ϕ160 钢管结构，壁厚 8mm，拉线采用顺线路 4 根拉线，横线路 2 根拉线。拉线组成为 ϕ15.5 钢丝绳套＋5t 链条葫芦＋5t 地锚（或铁桩）。支架高度选择为 4.3～6m，支架支撑脚选择人字腿结构，法兰连接，夹角不大于 45°

续表

系统名称	系统构成
绳索系统	承托绳为 4 根 φ21.5 钢丝绳，长度根据索道长度确定； 牵引索为 2 根 φ15.5 钢丝绳，长度根据索道长度确定
锚固系统	钢板式地锚，单根承载索设置 2 块 10t 钢板地锚，经平衡滑车调整连接在绳索上； 索引索设置 2 块 5t 钢板地锚，连接转向滑车，形成循环系统
牵引系统	ARS500 牵引机 适用钢丝绳最大直径（mm）：18 最大持续牵引力（kN）/牵引速度（km/h）：70/2.2 最大牵引速度（km/h）/牵引力（kN）：5/30 牵引轮直径（mm）：470 发动机：85kW 水冷、最大转速 2500r/min 外形尺寸（mm×mm×mm）：3150×2230×2140 整机质量（kg）：3000
其他	行走小车考虑承载力为 50kN，由 2 个四轮滑车组合构成。小车本体形状、钳口尺寸等均与鞍座和牵引索直径相匹配

2.2 支架

2.2.1 基本规定

（1）支架选用前应复核，以保证所选支架符合设计要求。

（2）支架安装时应设置拉线，保证支架稳定。

（3）在陡峭地形条件下，支架宜采取预倾布置，使支架相邻两档承载索与支架中心线间夹角大致相等，改善支架受力，提高运行小车通过性。

（4）支架所有钢结构部件需采取有效防腐蚀措施，宜选用镀锌方式。

（5）支架应设置钢结构柱脚底板，底板尺寸不宜小于 300mm×300mm×10mm，其外侧应设置锚钎孔。

（6）支架位于土壤承载力较差地带时，应设置现浇基础。

（7）支架通过尺寸应保证运行小车在承载索和返空索上相对运行通畅，运载货物相互间不得碰撞，其边缘距离支架支腿内边缘不得小于 100mm。且考虑风速的影响。

2.2.2 支架结构型式

支架包括支腿、横梁、拉线，其基本结构型式是人字支腿门型结构。

支架高度 6m 以下时，采用四柱式门型结构，同时设置 4 根拉线，如图 2-1 所示。超过 6m 时采用六柱式门型结构，如图 2-2 所示。采用六柱式门型结构时，

8

同侧支腿间应设置横隔,横隔间距不得超过 3m,横隔可采用建筑常用钢管通过抱箍与支腿连接,如图 2-3 所示。

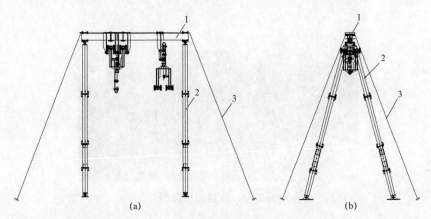

图 2-1 四柱式门型结构示意图

(a)主视图;(b)左视图

1—横梁;2—支腿;3—拉线

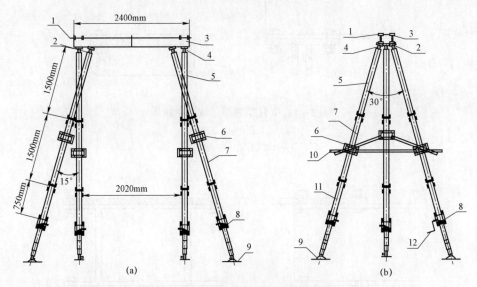

图 2-2 六柱式门型结构示意图

(a)主视图;(b)左视图

1—顶板;2—横梁固定座;3—横梁;4—销轴;5—上支腿;6—抱箍;7—中间支腿;
8—调节支腿;9—地脚板;10—连接管;11—短支腿;12—摇把

支架支腿钢管采用法兰连接,每节质量控制在 40kg 左右,长度不应超过 2m。根据不同的支腿跨度和所受竖向荷载条件,支架横梁分为单 H 型钢横梁(见

图 2-4）和双 H 型钢组合两种型式（见图 2-5）。

图 2-3 支腿间横隔图

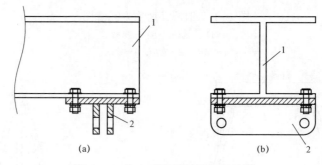

(a)   (b)

图 2-4 单 H 型钢横梁端部结构图

（a）主视图；（b）左视图

1—H 型钢；2—连接支座

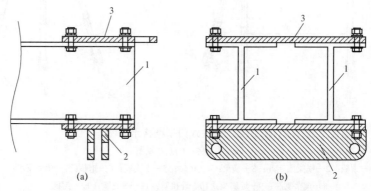

(a)   (b)

图 2-5 双 H 型钢组合横梁端部结构示意图

（a）主视图；（b）左视图

1—H 型钢；2—连接支座；3—连接板

2.2.3 支架型式选择

支架的支腿规格由所受的横梁竖向下压力和支架高度确定,支架横梁规格由竖向下压力、货物最大横向尺寸确定,应分别根据三个条件进行组合选型。支架系列型号参考表 2-4。

表 2-4　　　　　　　　　　支 架 系 列 型 号

序号	型号	高度 H (m)	货物最大横向尺寸 D (m)	竖向承载力 F (t)	横梁		支腿		
					材质	规格	材质	规格	同组夹角 (°)
1	GGMJ03-1.2-3	3	1.2	3	Q345	HW150×150×7/10	Q235	ϕ108×5	30
2	GGMJ03-1.2-5	3	1.2	5	Q345	HW150×150×7/10	Q235	ϕ108×5	30
3	GGMJ03-1.2-7	3	1.2	7	Q345	2HW150×150×7/10	Q235	ϕ108×5	30
4	GGMJ03-1.2-10	3	1.2	10	Q345	2HW150×150×7/10	Q235	ϕ108×5	30
5	GGMJ04-1.2-3	4	1.2	3	Q345	HW150×150×7/10	Q235	ϕ108×5	30
6	GGMJ04-1.2-5	4	1.2	5	Q345	HW150×150×7/10	Q235	ϕ108×5	30
7	GGMJ04-1.2-7	4	1.2	7	Q345	2HW150×150×7/10	Q235	ϕ108×5	30
8	GGMJ04-1.2-10	4	1.2	10	Q345	2HW150×150×7/10	Q235	ϕ108×5	30
9	GGMJ06-1.2-3	6	1.2	3	Q345	HW150×150×7/10	Q235	ϕ108×5	30
10	GGMJ06-1.2-5	6	1.2	5	Q345	HW150×150×7/10	Q235	ϕ108×5	30
11	GGMJ06-1.2-7	6	1.2	7	Q345	2HW150×150×7/10	Q235	ϕ108×5	30
12	GGMJ06-1.2-10	6	1.2	10	Q345	2HW150×150×7/10	Q235	ϕ108×5	30
13	GGMJ08-1.2-3	8	1.2	3	Q345	HW150×150×7/10	Q235	ϕ108×5	30
14	GGMJ08-1.2-5	8	1.2	5	Q345	HW150×150×7/10	Q235	ϕ108×5	30
15	GGMJ08-1.2-7	8	1.2	7	Q345	2HW150×150×7/10	Q235	ϕ108×5	30
16	GGMJ08-1.2-10	8	1.2	10	Q345	2HW150×150×7/10	Q235	ϕ108×5	30

注　1. 型号中前两位字母代表横梁和支腿的材质,字母"GG"代表钢质横梁钢质支腿;后两位字母"MJ"代表"门型";其后数字依次代表高度、货物最大横向尺寸 O、竖向承载力 F。

2. 横梁规格中字母"HW"代表宽翼缘型钢,其后数字依次代表型钢高度、宽度、腹板厚度、翼缘厚单位为 mm。

3. 高度超过 6m 时,必须采用六柱式门型结构,且同侧支腿间设置横隔,横隔间距不得大于 3m,横隔可采用建筑常用钢管通过抱箍方式与支腿连接。

2.3　鞍座

2.3.1　基本规定

(1)鞍座应经结构型式计算,符合强度和刚度要求。

（2）鞍座应采用焊接结构，绳槽宜设带润滑装置的尼龙衬垫，曲率半径不小于承载索直径的 150 倍。尼龙衬垫绳槽的半径应比承载索公称半径大 7.5%，宜以绳索的 1/3 圆周支撑绳索，以保证运行小车正常运行并允许承载索弯曲。

（3）鞍座与支架的连接方式宜采用铰接方式。

（4）在陡峭地形条件下，应选用摇摆式鞍座。

2.3.2 鞍座结构型式

单承载索时，采用单索式鞍座，如图 2-6 所示。双承载索时采用双索式鞍座，如图 2-7 所示。返空鞍座采用单索式鞍座。

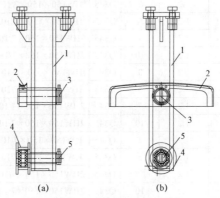

（a）　　　　　　　　（b）

图 2-6 单索式鞍座结构图

（a）主视图；（b）左视图

1—架体；2—鞍座；3—鞍座轴；4—托索轮；5—托索轮轴

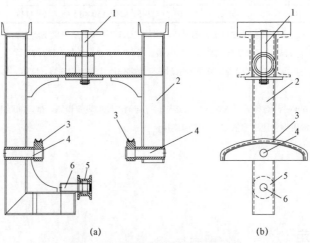

（a）　　　　　　　　（b）

图 2-7 双索式鞍座结构示意图

（a）主视图；（b）左视图

1—固定件；2—架体；3—鞍座；4—鞍座轴；5—托索轮；6—托索轮轴

2.3.3 鞍座选型

鞍座的规格根据所需承载索根数、承载力（通过承载索传递到鞍座上的下压力）进行选型。鞍座规格参考表 2-5。

表 2-5   系 列 鞍 座 规 格 表

序号	型号	适用承载索根数	承载力（t）	材质	鞍座长度（mm）	托索轮规格
1	AZ01-03	1	3	Q235	420	$\phi 125 \times 60$
2	AZ01-05	1	5	Q235	420	$\phi 125 \times 60$
3	AZ01-07	1	7	Q235	420	$\phi 125 \times 60$
4	AZ01-10	1	10	Q235	420	$\phi 125 \times 60$
5	AZ02-10	2	10	Q235	460	$\phi 125 \times 60$
6	AZ02-20	2	20	Q235	460	$\phi 125 \times 60$
7	AZ02-30	2	30	Q235	460	$\phi 125 \times 60$

注　鞍座型号中"AZ"代表"鞍座"，其后数字依次代表适用承载索根数、承载力。

2.4　运行小车

2.4.1　基本规定

（1）索道的运行小车应采用下部牵引式（牵引索在承载索下方）。

（2）承载索按抗拉强度选定后，还应验算运行小车重载时引起的承载索弯曲应力，并确定运行小车行走轮数量。

（3）运行小车上抱索器的抗滑力不得小于物件在最大倾角处沿钢丝绳方向分力的 1.3 倍。抱索器应适当增加夹持长度或其他防松措施避免长期反复使用后对绳索的夹持力减小。

（4）运输较重物料宜采用多轮行走车，每个行走轮的承载质量不宜超过300kg；对于载重较大的物料运输，可采用多个行走小车运输；对于塔材等细长物料运输，应采用多吊点方式运输。

（5）运行小车行走轮轮缘断面形状应与承载索相适应，车轮直径不宜超过280mm。车轮宜设对承载索有保护作用的耐磨轮衬。

（6）运行小车应有快速卸货的装置。

2.4.2　运行小车结构型式及选型

运行小车的型式与鞍座型式匹配，分为单索式运行小车图（见图 2-8 和图 2-9）

和双索式运行小车（见图2-10）两种。

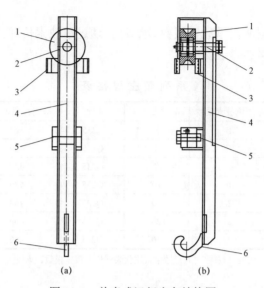

图2-8 单索式运行小车结构图

（a）主视图；（b）左视图

1—小车轮；2—小车轴；3—防护板；4—小车架；5—抱索器；6—吊环

图2-9 单索式运行小车实物图

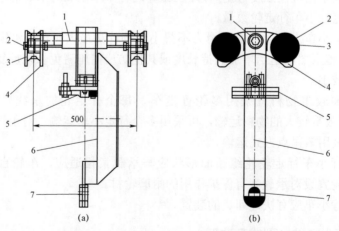

图2-10 双索式运行小车结构示意图

（a）主视图；（b）左视图

1—小车轴；2—车轮轴；3—小车轮；4—小车轮架；5—抱索器；6—小车架；7—吊环

运行小车规格根据承载绳根数、承载力（单件最重物件质量）进行选型。

2.5 牵引装置

索道牵引装置的选择应从牵引机牵引力、牵引速度、制动可靠和使用的经济性等各方面综合考虑，一般采用索道牵引机作为牵引装置。

机械式索道牵引装置上应配备正、反向制动装置，并且彼此独立。制动器应具有逐级加载和平稳停车的制动性能。

牵引装置示意图和实物图分别如图2-11和图2-12所示。

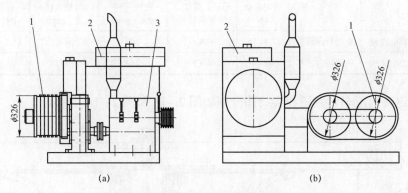

(a)　　　　　　　　　　　(b)

图2-11　牵引装置示意图

（a）主视图；（b）左视图

1—卷筒；2—发动机；3—变速箱

图2-12　牵引装置实物图

索道牵引机的牵引力应考虑降耗30%，额定牵引速度宜为30～40m/min。

索道牵引机宜选择双卷筒式设备。

2.6　高速滑车

牵引索转向滑车应采用高速滑车，其轴承宜采用圆柱轴承。高速滑车直径与牵引索直径的比值不得小于 15，且牵引索在高速滑车上的包络角不宜大于 90°。高速转向滑车参数见表 2-6。

表 2-6　　　　　　　　　高 速 转 向 滑 车 参 数

型号	名称	额定荷载（kN）	销轴、拔销、滑轮轴材料	轮底直径 ϕA（mm）	滑轮宽度 B（mm）	挂孔直径 ϕC（mm）
SHGZ-280/27/80	高速转向滑车	80	40Cr	280	75	40
SHGZ-250/24/50	高速转向滑车	50	40Cr	250	45	32

高速转向滑车示意图和实物图分别如图 2-13 和图 2-14 所示。

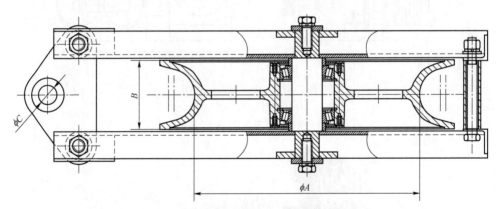

图 2-13　高速转向滑车示意图

图 2-14　高速转向滑车实物图

2.7　索道地锚

地锚埋设一般要求包括以下几个方面：

（1）地锚需采用钢板地锚。地锚坑的位置应避开不良的地理条件（如受力侧前方有陡坎及松软地质），设置地锚时应尽可能选在地面干燥、无地下水、雨后无积水的地方，如果在水田内或有地下水的地方设置地锚，地锚两端要放平，回填土时坑内的积水应排出。地锚坑开挖深度满足要求，一般情况下 3t 地锚有效埋深应大于 2m，5t 地锚有效埋深应大于 2.5m，10t 地锚有效埋深应大于 3m。地锚必须开挖马道，马道宽度应以能放置钢丝绳（拉棒）为宜，不应太宽。马道坡度应与受力方向一致，马道与地面的夹角不大于 40°。

（2）地锚坑的坑底受力侧应掏挖小槽，地锚入坑后两头要保持水平。

（3）地锚坑的回填土必须分层夯实，回填高度应高出原地面 200mm，同时要在表面做好防雨水措施。

（4）如果索道使用时间较长或者处于潮湿地带，应对地锚的钢丝绳套做好防腐蚀措施。

（5）钢丝绳套和地锚连接必须采用卸扣进行连接，严禁钢丝绳套缠绕连接。

（6）地锚埋设时，必须有施工负责人和安全员在场进行旁站监督。

2.8　运输料斗

1t 级、2t 级轻型循环式索道采用 0.15m³ 插销式料桶，如图 2-15 所示。4t 级往复式索道采用自主设计 1.5m³ 回旋式自卸料斗，如图 2-16 所示。

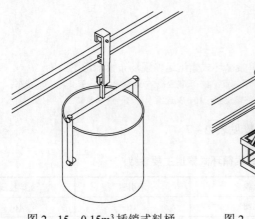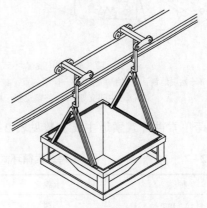

图 2-15　0.15m³ 插销式料桶　　　图 2-16　1.5m³ 回旋式自卸料斗

2.9 索道路径选择

结合现场地形、现有运输条件、施工组织安排及经济效益等方面来综合选择，在单跨及多跨、单索及多索、循环式及往复式进行索道组合建设，由于单跨式索道较为简单，以输电工程索道运输最常采用的多跨循环式索道为例，来进行索道路径选择的讲述。

2.9.1 多跨单索循环式索道

多跨单索循环式索道运输具有运输量大、施工效率高、运输距离远、适用范围广等特点。适用于整个索道系统中累计运输重量不超过 4t，中间支架一般不超过 6个，每跨跨度一般不超过 600m，高差角不超过 45°，全长一般不超过 3000m 的远距离物料运输。多跨单索循环式索道一般采用单牵引方式，其运输现场布置示意图如图 2-17 所示。

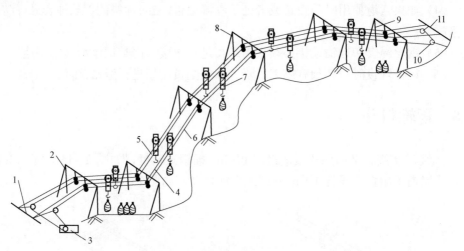

图 2-17 多跨单索循环式索道运输现场布置示意图

1—始端地锚；2—始端支架；3—牵引装置；4—承载索；5—返空索；6—牵引索；7—货车；
8—中间支架；9—终端支架；10—高速滑车；11—终端地锚

多跨单索循环式索道主要参数见表 2-7。

表 2-7 多跨单索循环式索道主要参数

种类	承载索	牵引索	支架拉线
直径（mm）	28	16	16
钢丝断面面积（mm²）	310	102	102

种类	承载索	牵引索	支架拉线
弹性模量（N/mm²）	90 000	90 000	90 000
单位质量（kg/km）	3650	932	932
破断拉力（kN）	676	138	138
钢丝绳结构	6×K36WS+IWRC	6×19+NF	6×19+NF

2.9.2　多跨多索循环式索道

多跨多索循环式索道运输具有运输量大、施工效率高、运输距离远等特点。常见多索道主要为双索及四索索道，多跨双索循环式索道适用于最大运重一般为2～4t，中间支架一般不超过5个，每跨跨度一般在300～500m，全长一般不超过2000m的远距离物料运输。多跨双索循环式索道运输在运输质量2t以下时采用单台5t后桥式卷扬机，运输质量2～4t时采用单台7t牵引机。现场布置示意图如图2-18所示。

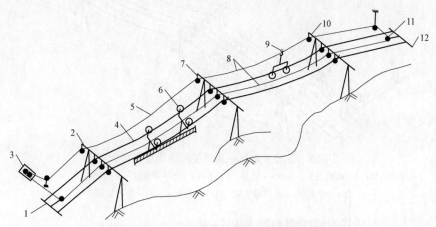

图2-18　多跨双索循环式索道运输现场布置示意图

1—始端地锚；2—始端支架；3—牵引装置；4—承载索；5—牵引索；6—货车；
7—中间支架；8—牵引索；9—返空车；10—终端支架；11—高速滑车；12—终端地锚

多跨双索循环式索道主要参数见表2-8。

表2-8　　　　　　　　　　多跨双索循环式索道主要参数

种类	承载索	牵引索	支架拉线
直径（mm）	26	16	16
钢丝断面面积（mm²）	300	102	102
弹性模量（N/mm²）	90 000	90 000	90 000

续表

种类	承载索	牵引索	支架拉线
单位质量（kg/km）	3250	932	932
破断拉力（kN）	590	138	138
钢丝绳结构	6×K36WS+IWRC	6×19+NF	6×19+NF

多跨四索循环式索道一般由多个独立多索循环式索道构成，包括 4 根承载索、2 根循环牵引索，驱动系统同时带动 2 根循环牵引索，可同向、反向运行，共用始端支架、中间支架、终端支架等部分。多跨四索循环式索道在运输时一般采用 2 台牵引机牵引。适用于最大运重一般为 2~4t、中间支架一般不超过 7 个、每跨跨度一般不超过 600m、全长一般不超过 3000m 的远距离物料运输。现场布置如图 2-19 所示。

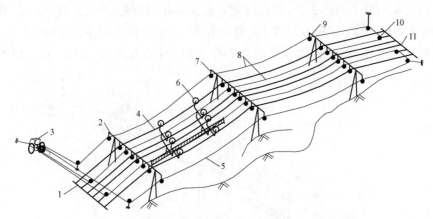

图 2-19　多跨四索循环式索道运输现场布置示意图

1—始端地锚；2—始端支架；3—牵引装置；4—承载索；5—牵引索；6—货车；7—中间支架；
8—牵引索；9—终端支架；10—高速滑车；11—终端地锚

多跨四索循环式索道主要参数见表 2-9。

表 2-9　　　　　　　　　　多跨四索循环式索道主要参数

种类	承载索	牵引索
直径（mm）	4×21.5	15.5
钢丝断面面积（mm²）	175.4	89.49
每米质量（t/m）	$1.638×10^{-3}$	$0.845\,7×10^{-3}$
弹性模数（t/mm²）	9	9
破断拉力（t）	22.773	13.8
钢丝绳股+麻芯数	6×19+1	6×19+1
安全系数	2.6~2.8，取 2.7	≥4.5

3

索 道 架 设

3.1 施工工艺流程

索道施工工艺流程如图 3-1 所示。

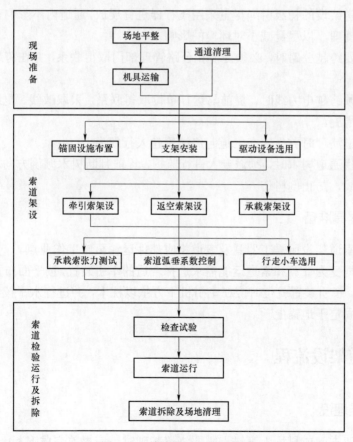

图 3-1 索道施工工艺流程图

3.2 施工准备

施工前，应按照要求对全体施工人员进行安全技术交底，交底要有记录，签字齐全。特殊施工人员必须经过安全技术培训及考试，合格后方可上岗。

3.2.1 场地准备

根据运能需求确定的索道运输方式，规划承载索上下锚点、牵引系统场地、支架位置、装货点和卸货点的平面布置，确定场地平整的范围。场地平整应尽量利用原有地形条件，减少土石方开方量和对环境的破坏。

3.2.2 通道清理

（1）索道架设的初级引绳尽量采用飞行器进行展放，通道内不影响索道运行的树木不需要清理，以尽量减小对环境的影响。

（2）需要跨越公路时，必须提前和公路管理部门取得联系，并在跨越点搭设防护网架。

（3）必须跨越电力线时，提前与运行单位取得联系，采取改线、电缆替代、搭设跨越架等措施。

（4）通道清理时首先应在索道起终端修建人行便道。

（5）砍伐通道树木时，须派专人进行监护，提前判断树木倾倒方向，并选择好人员撤离路线，防止倒树伤人。

3.2.3 工器具准备

（1）将索道架设所需工器具及索道相应部件运输至施工作业点。

（2）根据受力计算和索道运能需求选择合适的牵引装置，按平面布置设计布置到预定位置。牵引装置就位时应在牵引机下方垫以枕木，并进行水平校正，利用钢丝绳套可靠固定于地锚上。

3.3 索道架设流程

3.3.1 地锚埋设

（1）支架支腿或料场上下锚点需要浇筑基础时，应提前完成混凝土施工。

（2）按施工方案埋设相应规格的地锚，工作索锚固方式可采用直埋式钢板地锚或现浇锚桩。索道支架、牵引机机械等的锚固可按线路施工中常规方式进行。

（3）承载索锚固力大于 20t，不宜使用单锚方式，应采用群锚方式。

（4）地锚规格应与工作索许用拉力匹配，埋设深度应经抗拔力验算，列入索道架设施工方案。常规钢板地锚及参数见表 3-1。

表 3-1　　　　　　　　　　　常规钢板地锚及参数

几何尺寸	规格		
	10t	15t	20t
长度 L（mm）	1400	2000	2000
宽度 b（mm）	400	495	550
拉环直径 d（mm）	36	45	45

钢板地锚形式及埋设示意图如图 3-2 和图 3-3 所示。

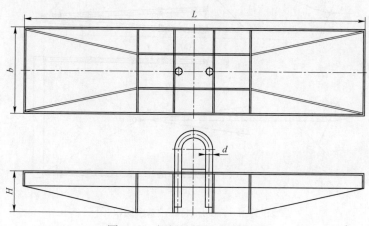

图 3-2　钢板地锚形式示意图

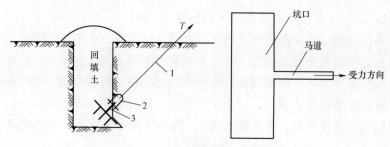

图 3-3　钢板地锚埋设示意图

1—钢丝绳；2—U 型环；3—钢板地锚

3.3.2 支架组立

利用辅助抱杆组立支架，顺索道路径方向在地面组装支架，设置好支架底部制动绳、辅助抱杆，辅助抱杆顶部固定一起重滑车，组立支架用牵引索连接到辅助抱杆顶部，适当长度钢丝绳穿过辅助抱杆顶部起重滑车后两端连接在支架顶部，如图3-4所示。启动牵引装置，起立支架，随后调整支架状态后，设置固定拉线。

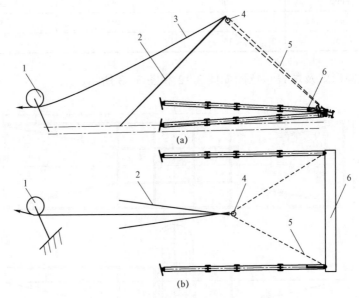

图3-4　辅助抱杆组立支架示意图

（a）主视图；（b）俯视图

1—转向滑车；2—辅助抱杆；3—钢丝绳；4—起重滑车；5—吊点绳；6—支架

支架高度在2.0m以下时可采用人力组立。

地形条件较差且支架高度较高时，可先组立好支腿，设置临时拉线，两侧支腿顶面分别安装横梁吊装辅助装置，其上悬挂起重滑车，两根钢丝绳穿过起重滑车，其中一绳头引至地面连接横梁端部，另一绳通过地面设置转向滑车引至牵引位置，两根钢丝绳同时牵引吊装横梁。横梁吊装辅助示意图如图3-5所示。

支架腿应安放在平整、坚实的地面上，组装过程中应用拉线临时固定，防止支架倾倒。

安装过程中应确保各部件连接牢固、可靠。

支架应设置支架拉线加以固定。拉线对地夹角不应大于45°，用紧线器将拉线调紧，两侧拉线拉力应相等。

利用人力辅助或手板葫芦安装鞍座，并连接牢固。

索道两端终端支架高度根据地形调节，保证各工作索张紧后的合理位置，方便装拆运行小车。

3.3.3 牵引索展放

采用飞行器方式展放初级引绳，再逐级引渡展放至牵引索，展放时应控制好绳索尾张力。牵引索通过转向滑车后将两绳头引至牵引装置附近并临时锚固。

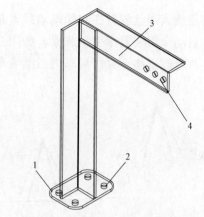

图 3-5　横梁吊装辅助装置示意图

1—连接板；2—连接孔；3—架体；4—起重滑车连接孔

3.3.4 承载索及返空索安装

将各支架下方展放好的牵引索分别提升放入对应承载侧及返空侧托索轮上，并在横梁承载鞍座附近悬挂直线滑车。

利用牵引装置将牵引索张紧至设计张力，预留方便接头长度后再次临时锚固，编接接头形成闭合，闭合后现场布置示意图如图 3-6 所示。在转向滑车和地锚之间设置可调式装置，以便随时调整牵引索的收紧度。

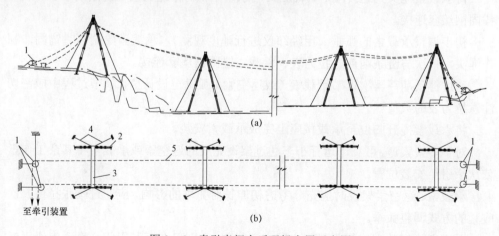

(a)

至牵引装置

(b)

图 3-6　牵引索闭合后现场布置示意图

（a）主视图；（b）俯视图

1—转向滑车；2—支架立柱；3—支架横梁；4—支架拉线；5—牵引索

将承载索绳盘放置在起始端承载索布置方向上，引出承载索绳头，连接在牵引索上，启动牵引装置牵引承载索，如图 3-7 所示。承载索绳头经过各支架时停止牵引，将承载索移至直线滑车内后继续牵引。

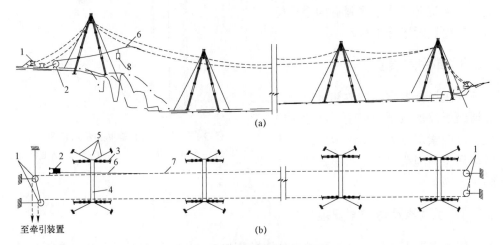

图 3-7　承载索展放示意图

（a）主视图；（b）俯视图

1—转向滑车；2—承载索（或返空索）线盘；3—支架立柱；4—支架横梁；5—支架拉线；
6—承载索（或返空索）；7—牵引索；8—重锤

待承载索绳头到达终端时，锚固终端承载索，制作绳头依次链条葫芦、承载索锚固钢丝套连接。

初步调整承载索的弧垂（用经纬仪进行弛度观测），承载索始端临时锚固，制作绳头，依次与链条葫芦、拉力表、承载索锚固钢丝套连接。

通过链条葫芦再次调节承载索（或返空索）弧垂至设计值，调节过程中应密切注意拉力表的数值。

将承载索提升归位至承载鞍座上完成承载索安装。

对于多索索道，可利用运行小车通过架设完成的返空索或承载索将其余工作索依次牵引至安装位置。

承载索、返空索架设时应充分考虑初伸长对弧垂的影响，应通过预张拉或二次收紧的方式调整弧垂。

返空索的安装方法与承载索安装方法类似，区别仅在于利用闭合牵引索牵引时与牵引承载索时牵引方向相反。

3.3.5 牵引索弧垂调整

调整牵引索的弧垂，到达设计值时，临时锚固后重新穿插接头。索道承载索架设完毕后，应采用拉力表对其张力进行检测，以测定其张力是否达到设计要求。某30t级钢索张力测试仪如图3-8所示，可以方便地检测承载索张力。

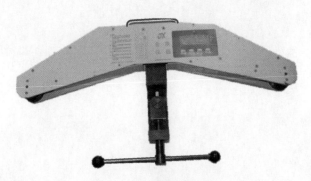

图3-8 钢索张力测试仪

3.3.6 索道接地

（1）索道支架均为装配式钢管和角钢支架，支护完成后要逐基接地。

（2）牵引过程中，牵引机前端的牵引索需挂设接地滑车。

（3）牵引设备要可靠接地。

3.3.7 试运行

索道架设完毕或长时间停用后，在运行前应进行相关的检查、验收，确认无误后方可投入试运行（试验）。试验方法及步骤如下：

（1）空载试验。从装货点、卸货点各发一辆空车，由慢速至额定速度进行通过性检查，不得有任何阻碍。

（2）负荷试验。进行高速50%负荷、中速80%负荷、额定速度100%额定负荷载荷试验，每次试验完成后对整个索道线路与结构零部件进行检查，确认无异常后进行慢速110%超载试验。每次试验均为一次循环，每次试验时，至少进行一次制动试验。

载荷试验应满足以下要求：

（1）试验过程中，运行小车应行走自如，不得出现脱索、滑索现象，运行小车的卸载装置应启闭灵活。

（2）循环式索道启、制动时间不得超过 6s，往复式索道启、制动时间不得超过 10s。

（3）试验完成后，索道所有部件无可见裂纹或超过设计许可的变形，地锚不得有任何松动迹象。

4

索道检验、运行及拆除

4.1 索道检验

索道架设长时间停用后，在运行前应进行相关的检查、验收，从而保证索道设备的运行安全。

4.1.1 主要部件检验

（1）支架。

1）支架不得有明显变形、裂纹等严重外观缺陷。各焊接部位应焊牢、焊透，不允许有裂纹、气孔、夹渣，焊缝应饱满。

2）钢结构支架应采取防锈热镀锌处理。

3）支架各部件连接螺栓必须为 6.8 级以上高强螺栓，且拧紧后螺栓应超出螺母厚度 2 个螺距以上。

4）支架立柱出厂前须进行试装配，支架各相应拼装孔应能保证互换，整根立柱轴心线的弯曲度允差为 2/1000。

（2）鞍座。

1）鞍座导向轮底径不应小于牵引索直径的 6 倍。转动部件可选用单面密封圈滚动轴承，保证转动灵活。

2）鞍座导向轮轴应设计注油装置，保证润滑。

（3）工作索。

1）工作索应符合 GB/T 20118—2017 的要求。

2）钢丝绳各线股之间及各股中的丝线应紧密结合，不得有松散、分股现象；钢丝绳各股及各股中丝线不得有断丝、交错、折弯、锈蚀和擦伤；绳股不得有松紧不一、塌入和凸起等缺陷，纤维芯不得干燥、腐烂。

3）承载索、返空索不得有接头。牵引索插接的环绳其插接长度应不小于钢丝绳直径的 100 倍。

4）钢丝绳套插接长度不小于钢丝绳直径的 15 倍，且不得小于 300mm。

5）钢丝绳端部用绳卡固定连接时，绳卡压板应在钢丝绳主要受力的一边，不准正反交叉设置。

6）绳卡间距不应小于钢丝绳直径的 6 倍；绳卡数量应符合表 4-1 的规定。

表 4-1 钢丝绳端部固定绳卡数量表

钢丝绳直径（mm）	7～18	19～27	28～37
绳卡数量	≥3	≥4	≥5

（4）牵引装置。

1）牵引装置应采用双卷筒机械牵引机或液压牵引机，卷筒底径应大于使用牵引绳直径的 15 倍，卷筒的抗滑安全系数在正常运行、制动时不得小于 1.25。

2）牵引装置运转应平稳，无漏油、漏水等异常现象，离合器、换挡手柄操作应灵活。

3）牵引装置制造安装时应对动力部分加装减振装置，应在水箱、蓄电池、离合器及皮带传动机构加装安全保护罩壳，应在卷筒轴承端盖上设置润滑脂加注装置。

（5）运行小车。

1）运行小车无裂纹、夹渣等缺陷，裸露表面应进行防腐处理。

2）运行小车标明额定载荷，运输砂石料的运行小车应标明额定容积。

3）运行小车滑轮转动应灵活、无卡滞，其他部件机械强度应满足运行条件。

（6）地锚。

1）地锚规格、埋深地锚使用卸扣、钢丝绳套、拉线棒规格应与施工设计一致。

2）地锚应设置标牌，注明地锚规格、埋深、施工负责人。

（7）高速转向滑车。

1）滑轮底径不小于牵引索直径的 15 倍。

2）高速转向滑车应采用滚动轴承。

3）高速转向滑车轮轴应设计注油装置。

4.1.2 各部件间匹配连接及试组装的要求

（1）各支架支腿间距一致，满足货物通过要求。

（2）各支架横梁大小一致，鞍座绳槽顶部距横梁间隙能满足货运小车通过要求。

（3）货运小车的轮槽半径、轮槽宽度、抱索器绳槽半径、抱索器大小与鞍座进行对比，保证其通过性。

（4）使用双承载索的索道，应保证鞍座上两根承载索的宽度误差，不超过货运小车轮间隙自调整范围。

4.1.3 运行前检查

索道在每天运行前应认真做好以下检查：

（1）检查牵引机冷却水、燃油量是否充足，润滑油油位是否正常。

（2）检查卷筒和制动器的操纵机构是否可靠灵活，各连接件是否牢固。

（3）检查各支架是否稳定牢靠，各鞍座状态是否良好，各工作索地锚是否可靠。

（4）检查各运行小车转动是否灵活，强度是否满足运输需求。

（5）每天应做好检查、运行记录。

4.2 索道试验

（1）空载试验：从端站或中间站各发一辆空车，由慢速至额定速度进行通过性检查，不得有任何阻碍。

（2）负荷试验：进行高速 30%负荷、高速 50%负荷、中速 80%负荷、额定速度 100%额定负荷载荷试验，每次试验完成后对整个索道线路与结构零部件进行检查，确认无异常后进行慢速 110%超载试验。每次试验均为一次循环，每次试验时，至少进行一次制动试验。

（3）试验完成后，索道所有部件无可见裂纹或超过设计许可的变形，地锚不得有任何松动迹象。

（4）行走小车应行走自如，不得出现脱索、滑索现象。

（5）循环式索道启、制动时间不大于 6s，往复式索道启、制动时间不大于 10s。

（6）索道额定载荷运行时，承载索安全系数不小于 2.6。

（7）试验过程中，应做好地锚的监测，以防止拔出。

（8）试验应重点检查以下内容：

1）检查牵引机安装情况。

2）检查索道沿线是否有物料对障碍物距离不够的情况。

3）检查物料通过索道沿线是否顺畅，有无钩挂树木及在个别凸起的地点有无落地现象。

4）物料通过鞍座是否顺畅。

5）各支架的稳固情况、转向滑车运转是否灵活、地锚埋设是否牢固。

6）试运行期间要派专人在每个支架旁进行监控。试运行完毕后，应对承载索、牵引索、拉线再次进行调整，检查合格后方可进行正常运输。

4.3 索道运行

（1）对于角钢塔单件塔材重量不超过 2t。在平台上用人力装卸效率较低，安全风险较大，应在装卸料平台配置吊车、电动葫芦，对于机械设备无法到达的山区塔位，可考虑采用电动葫芦、人字抱杆进行装卸。

（2）合成绝缘子、玻璃或瓷质绝缘子及架线金具的装卸。

1）合成绝缘子搬运应严格按照生产厂家标志的抬运点进行，搬运及装卸均采用人工。合成绝缘子应采用木质抱杆或钢管进行补强后方可运输，如图 4-1 所示。

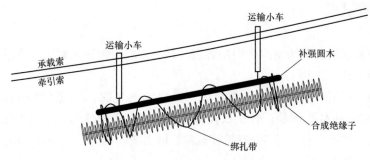

图 4-1 合成绝缘子运输示意图

2）玻璃或瓷质绝缘子可以采用不打开原包装的情况下，利用铁丝或专用绑扎带将两筐或更多筐绑扎后进行运输。

3）对于架线金具可以采用分种类或型号在原包装箱中运输，或进行组装后成串或分段运输。

（3）现场通信联络。

1）在索道集中的区域，应提前对各索道进行编号，对每条索道通信频道进行分配，防止互相干扰。

2）索道运行时，应保证通信联络畅通，信号传递及时。

3）机械操作人员及值守人员均应配备通信设备。

4）当物料离终点约 10.0m，应及时通知牵引机减速，并连续向操作人员报告物料的所在位置，直到最合适的位置时，通知停机卸料。

（4）物料装卸注意事项。

1）运输前应将料斗或物料捆绑牢固。

2）为提高运输效率，可调整装货间距，以便装、卸料同时进行。

3）应特别注意牵引索是否正确地卡入小车的钳口，钳口螺栓是否紧固牢靠。

4）由于小车钳口螺栓频繁松紧，容易滑丝，使用时应经常对钳口进行检查，定期更换。

5）装卸物料时，应轻装轻卸。用钢丝绳绑扎物料时，应衬垫软物。绝缘子等材料在运输中严禁拆除原包装。

6）在装卸场，材料须堆放有序，严禁乱堆乱放；物料运到相应位置后，必须及时将物料转移至平坦场地，整齐堆放，严禁堆在悬崖或陡坡旁，严禁堆放在索道附近。

4.4　索道维护

索道运行管理应设专人管理，机械操作人员应持证上岗。

在现场显著位置竖立标牌，写明以下内容：

1）索道基本参数：额定负载量，牵引机型号，承载索直径，架设日期。

2）设置警示牌"索道下方不得站人"。

3）小车应标定额定起重量，限制速度。

4）交通通道、限高、禁行等标志符合相关的规范。

应保证通信联络畅通，信号传递要语言规范、清晰。启动和停止时应发出信号。在索道集中区域，应采取措施保证各级索道通信互不干扰。通信信号中断或不清时应立即停止作业。

每日开工前，应对索道驱动装置进行检查，开机空载运行 2～3min 后方可进行正常的运输作业。

索道运行期间，要定期对地锚、支架、承载索、牵引索等关键部位进行检查并对工作索初拉力进行调整，按要求对驱动装置、钢丝绳等重要部件进行定期保养，对抱索器螺栓等长期反复使用的部件定期更换，做好机械设备检查、保养、更换部件记录。

索道运行时，支架、地锚处应设专人值守。操作人员应注意驱动装置、工作索的状况，值守人员应注意支架、地锚的状况，发现异常现象应首先停机检查情况，及时处理解决，确认无误后方可开机运行。

运输前应确认运行小车与承载索配合正确，与牵引索连接可靠。

质量较大的物料运输开始牵引时应慢速、平稳。运行小车接近支架时，值守人员应随时报告运行小车距支架的距离，并要求放慢牵引速度，缓慢通过支架。

运输过程中需停止时，驱动装置应停止并制动。

应根据物料特性选用不同的物料运输方式。

砂石等散料的运输宜采用翻转式货车或底卸式货车运输。当运输黏结性物料时，宜选用底卸式货车。

运输散料的货车应有防洒落措施。货车的有效容积利用系数：当运输松散物料时宜采用 0.9～1.0；当运输黏结性物料时宜采用 0.8～0.9。

水泥等袋装物料可采用多挂点运输筐运输。

金具、零星钢材宜打包运输。

玻璃及瓷质绝缘子等带包装的物料应带包装运输。合成绝缘子应按照厂家要求进行运输。

对汽车运输与索道运输能连贯的线路工程，宜对线路器材厂家提出质量及尺寸的包装要求。

塔材等细长物料运输应采用多吊点方式运输，并采取相应的补强措施。

运载单件重量 1.5t 物件时，必须待该物件运抵卸货后，方可运载下一个。运载多个较轻物件时，运行小车的间距应根据索道运量、货车容积、物料特性和装载速度决定，每档分布的运载质量之和（含运行小车及料筒自重）不得超过 1.5t。

应尽量使用手板葫芦装卸物料或在装卸料平台设置简易吊装机构。

现场必须做好油料、设备等的防火措施，并配备灭火器。

多跨索道运载多个物件时，运行小车的数量、间距应根据索道运量、料斗容积、物料特性、装载速度和牵引能力经过计算后确定，间距应均匀布置，索道运载总质量不得超过额定载荷。货物单件质量达到索道额定载荷时，宜待该物件运抵卸货后，再进行下一个货物的运载。

载荷开始牵引时先慢速牵引，检查索道牵引机制动能力，如发现异常应立即停运检修。

在运行过程中应实时监测支架的位移、变形情况，支架中心定位横向位移不宜超过 50mm，支架不应变形，支架拉线应受力正常。

索道运行时应匀速、平稳，速度不宜超过额定速度。单件质量较大的物料接近支架时，应降低牵引速度，使运行小车平稳通过支架。

索道超过 30 天不使用时，应放松工作索张力，排空牵引装置内冷却水和燃油，并对所有部件进行保养。停用期间，应派专人看护。重新启用时，应重新调试系统并进行检查及试运行。

故障或交班时应停止作业，停止作业应做到：小车应放在指定的安全位置，牵引机必须熄火，并可靠制动；牵引索等要与地面有足够的安全距离。

故障中断作业后，重新启运需满足下列条件：

1）停机原因已清楚；

2）故障已排除；

3）符合开机检查的要求；

4）全线工作人员对恢复作业的信号均应清楚明确。

索道运行操作人员应及时填写索道运行记录并及时归档。

应按要求填写输电线路工程货运索道检查维护记录表并保存。

索道运行期间，要定期对地锚、承载索、牵引索等关键部位进行检查并对工作索初拉力进行调整，按要求对牵引装置、钢丝绳等重要部件进行定期保养。

（1）索道牵引机：

1）保持外观清洁，及时加冷却水和燃油；

2）检查并确保所有螺栓连接紧固；

3）检查并确保各系统的工作性能可靠；

4）应按说明书要求定期检查变速箱、磨筒轴承、操作杆机构机油，并及时更换；

5）冬季施工水箱应添加防冻液，做好防冻措施；

6）有可靠的防雨措施。

（2）支架：应每周调整拉线的松紧度、检查支架连接的可靠性及支架整体稳定性。

（3）运行小车：应按每月一次检查运行小车，运行小车应无变形损伤、滑轮转动应灵活；对抱索器螺栓等长期反复使用的部件进行定期检查，不应变形、滑丝，发现问题及时更换，做好机械设备检查、保养、更换部件记录。

（4）工作索：应按要求每周检查工作索磨损、断丝情况，工作索发现问题应及时报废，按 GB/T 9075—2008《索道用钢丝绳检验和报废规范》执行报废，报废绳索及时更换。

（5）鞍座：鞍座轴承每周应加润滑油，保持润滑。

（6）高速转向滑车：应每周检查高速转向滑车，及时加油润滑，保证滑车转动灵活。

（7）地锚：地锚应每周检查，无松动等异常情况；发现问题及时处理。

工作索需更换时，更换的钢丝绳应符合设计要求，并与索道相关部件相匹配。

索道牵引机需检修保养、调整或移动时，应停机进行；应根据季节温度差异，按规定选用油料。

4.5 索道拆除及场地清理

（1）当有多级索道时，必须先拆除上一级索道，再拆除下一级索道。

（2）如牵引机安装在高处时，应在山上平台拆除前，先拆运高处牵引机，并在低处安装一台绞磨，将牵引机用索道运至低处。

（3）承载索和返空索的拆除。在起始端先利用葫芦拆除承载索、返空索与地锚的连接，将葫芦慢慢松出，在钢丝绳张力减小后，将钢丝绳与绞磨连接，再在终端用葫芦将钢丝绳松出，用尼龙绳控制将钢丝绳松至全线落地无力后，在起始端用绞磨机将钢丝绳抽回盘好。

（4）牵引索的拆除。将牵引索的插接处用牵引机转至牵引机附近，利用葫芦和卡线器收紧，使接头处不受力后，在原插接处将牵引索切断，用葫芦慢慢放松牵引索（葫芦行程不够时，可改用绞磨），待牵引索不受张力后拆下卡线器，用牵引机将牵引索收回盘好。拆除索道时，严禁在不松张力的情况下，直接将绳索剪断。

（5）支架拆除。先拆除支架上的索道附件，再按照如下顺序进行支架拆除：

1）检查支架立柱拉线是否牢固和稳定，有松弛现象的应进行调节。

2）利用木抱杆对支架横梁进行吊装拆除。

3）对逐个支架立柱进行拆除。拆除时应用大绳或拉线控制缓慢放倒，严禁随意推倒。

4）对索道设备及工器具进行回收和转运。

（6）地锚拆除。先挖去地锚坑内的回填土，再将地锚拽出。严禁利用起吊设备或工具在不铲除坑内回填土的情况下，将地锚整体吊出，损坏地锚结构和使用寿命。地锚撤离后，应按照基坑回填的要求对地锚坑进行回填夯实。

（7）现场清理及植被恢复。对运输现场的起始点场地、终点场地及各支架位置进行清理，并对现场地形、地貌进行恢复。

5

受 力 计 算

5.1 索道设计参数

承载索无载荷时的中央弛度比 S_0 为在中点处的弛度 f_0 与该档档距 l 的比值,即 $S_0 = f_0/l$。施工用索道承载索取 $S_0 = 0.05$。返空索与承载索相同的中央弛度比,牵引索的中央弛度比约为承载索的 $1.2 \sim 1.5$ 倍。

安全系数:承载索 $K_c = 2.8$;返空索 $K_f = 2.8$;牵引索 $K_q = 4.5$;索道运转时支架拉线所用钢丝绳 $K_z = 4$。

冲击系数:考虑到起动、停止及紧急制动等情况,强度校核时对实际载荷要乘以冲击系数 K,取 1.31。

5.2 工器具及设备的选择

以多跨单索索道运输为例进行校验,如图 $5-1$ 所示。

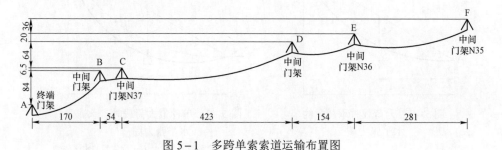

图 5-1　多跨单索索道运输布置图

5.2.1 索道承力绳选择

1. 单件最大载荷时承载索强度校核

载荷条件:单件最大质量 $P_{0d} = 5t$;行走车自重 $P_d = 0.12t$;单件货受风面积

$S_d = 4 \text{m}^2$；设计运行风速 16m/s；最大设计风速 40m/s。

承载索上出现最大张力的位置在索道的最高支撑点（N35 点）。出现最大张力的载荷条件是单件最大载荷位于最大档 C～D（计算档）中点时，所以求出以上情况下 N35 点的承载索张力，进行校核。

单件最大载荷时的计算载荷为

$$P_1 = K[P_{0d} + P_d + g_q l_1 / (N+1)]$$
$$= 1.31 \times [2.5 + 0.06 + 0.932 / 2 \times 10^{-3} \times 423 / (1+1)]$$
$$= 3.483 \ （\text{t}）$$

式中　g_q——牵引索单位自重；

　　　l_1——最大档距值；

　　　N——计算档的载荷件数，单件时 $N=1$。

无载荷时承载索的水平张力 H_0 如图 5-2 所示。

$$H_0 = g_c l_1^2 / (8 f_0)$$
$$= 3.65 \times 10^{-3} \times 423^2 / (8 \times 0.05 \times 423)$$
$$= 3.86 \ （\text{t}）$$

式中　g_c——承载索单位自重；

　　　f_0——无荷载时最大档中点弛度。

单件最大载荷时最大水平张力 H_1 如图 5-3 所示。

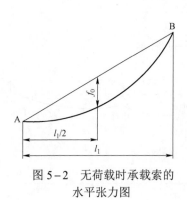

图 5-2　无荷载时承载索的
水平张力图

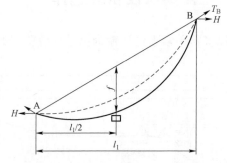

图 5-3　单件最大荷载时，承载索
水平张力图

T_B—B 点的承载索张力；H—承载索的水平张力

当单件最大载荷位于 AB 档的中点时，承载索的水平张力 H_1 达到最大值。H_1 可利用如下状态方程求得

$$H_1^2 (H_1 - A_1) = B_1$$

$$A_1 = H_0 - g_c^2 l_1^2 F_c E_c / 24H_0^2$$
$$= 3.86 - (3650 \times 10^{-6})^2 \times 423^2 \times 310 \times 90\,000 \times 10^{-4} / (24 \times 3.86^2)$$
$$= -14.7$$

$$B_1 = (g_c^2 l_1^2 + R_1) F_c E_c / 24$$

式中　E_c——承载索弹性系数；

　　　F_c——承载索总断面积。

为求 B_1，要先求 R_1

$$R_1 = N(N+2)[P_1 + 2g_c l_1 / (N+1)]P_1$$
$$= 1 \times (1+2) \times [3.483 + 2 \times 3650 \times 10^{-6} \times 423 / (1+1)] \times 3.483$$
$$= 52.527$$

$$B_1 = (g_c^2 l_1^2 + R_1) F_c E_c / 24$$
$$= [(3650 \times 10^{-6})^2 \times 423^2 + 52.527] \times 310 \times 90\,000 \times 10^{-4} / 24$$
$$= 6383$$

将 A_1、B_1 代入状态方程，得到 $H_1^2(H_1 + 14.7) = 6383$，用试算法可求得 $H_1 = 14.7$t。

求 F 点承载索的张力 T_{Fd}（F 为计算档最高点）并校核强度。

$$T_{Fd} \approx \sqrt{H_1^2 + P_1^2} + g_c \sum h$$
$$= \sqrt{14.7^2 + 3.483^2} + 3650 \times 10^{-6} \times 210.5$$
$$= 15.89（t）$$

$\sum h$ 为 C~D 计算档的较低支撑点到最高点 F 的总高差，$\sum h = 210.5$m。

由于 $[T] = \dfrac{T_{cp}}{K_c} = \dfrac{67.6}{2.8} = 24.14 > T_{Fd} = 15.89$，所以强度合格。

式中　T_{cp}——承载索额定破坏张力；

　　　K_c——承载索安全系数。

2. 多件最大载荷时承载索强度校核（最大档距内每隔 150m，$N = 3$）

载荷条件：单件最大重量 $P_{0m} = 1$t；行走车自重 $P_m = 0.12$t；单件货受风面积 $S_m = 1$m²；设计运行风速 16m/s；最大设计风速 40m/s。

承载索上出现最大张力的位置在索道的最高支撑点 F（N35 点）。出现最大张力的载荷条件是多件最大载荷位于最大档 C~D 时，所以求出以上情况下 F 点的承载索张力，进行校核。

N 为计算档的载荷件数，多件时 $N = 3$。

多件最大载荷时的计算载荷为

$$P_2 = K \times [P_{0m} + P_m + g_q l_1 / (N+1)]$$
$$= 1.31 \times [0.5 + 0.06 + 0.932 / 2 \times 10^{-3} \times 423 / (3+1)]$$
$$= 0.798 \text{（t）}$$

无载荷时承载索的水平张力 H_0 如图 5-4 所示。

$$H_0 = g_c l_1^2 / (8f_0)$$
$$= 3.65 \times 10^{-3} \times 423^2 / (8 \times 0.05 \times 423)$$
$$= 3.86 \text{（t）}$$

多件最大载荷时最大水平张力 H_2 如图 5-5 所示。

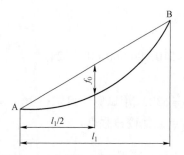

图 5-4 无荷载时承载索水平张力图　　图 5-5 多件最大荷载时承载索水平张力图

当多件最大载荷位于 C～D 档的中点时，承载索的水平张力 H_2 达到最大值。H_2 可利用如下状态方程求得

$$H_2^2 (H_2 - A_1) = B_1$$

$$A_1 = H_0 - g_c^2 l_1^2 F_c E_c / 24 H_0^2$$
$$= 3.86 - (3650 \times 10^{-6})^2 \times 423^2 \times 310 \times 90\,000 \times 10^{-4} / (24 \times 3.86^2)$$
$$= -14.74$$

$$B_1 = (g_c^2 l_1^2 + R_1) F_c E_c / 24$$

为求 B_1，要先求 R_1

$$R_1 = N(N+2)[P_2 + 2g_c l_1 / (N+1)]P_2$$
$$= 3 \times (3+2) \times [0.798 + 2 \times 3650 \times 10^{-6} \times 423 / (3+1)] \times 0.798$$
$$= 18.793$$

$$B_1 = (g_c^2 l_1^2 + R_1) F_c E_c / 24$$
$$= [(3650 \times 10^{-6})^2 \times 423^2 + 18.793] \times 310 \times 90\,000 \times 10^{-4} / 24$$
$$= 2461$$

将 A_1、B_1 代入状态方程，得到 $H_2^2(H_2+14.74)=2461$，用试算法可求得 $H_2=9.979\text{t}$。

求 B 点承载索的张力 T_{Fm}（B 为计算档最高点）并校核强度。

$$
\begin{aligned}
T_{\text{Fm}} &\approx \sqrt{H_2^2+(N_0P_2)^2}+g_c\sum h \\
&= \sqrt{9.979^2+4\times0.798^2}+3650\times10^{-6}\times210.5 \\
&= 11.246 \text{（t）}
\end{aligned}
$$

$\sum h$ 为 C～D 计算档的较低支撑点到最高点 F 的总高差，$\sum h=210.5\text{m}$。

N_0 为多件连运时 A～B 档承载索最低点上有一个载荷时，从该点到索道最高点 E 点之间的载荷总件数，这里取 $N_0=4$。

由于 $[T]=\dfrac{T_{\text{cp}}}{K_c}=\dfrac{67.6}{2.8}=24.14>T_{\text{Fm}}=11.246$，所以强度合格。

5.2.2 索道牵引索选择

多件连运时牵引索牵动的载荷约为 4.788t（载荷数为 6，每件的 $P_1=0.798\text{t}$），而单件最大载荷时，要牵动的载荷约为 3.483t（全索道 1 件，$P_1=3.483\text{t}$），所以多件连运要比单件最大载荷时多，因此，牵引索以多件连运为强度校核条件。

每件载荷被牵引的质量为

$$
\begin{aligned}
P_{\text{qm}} &= P_{0\text{m}}+P_{\text{m}}+g_q\times m \\
&= 1+0.12+932\times10^{-6}\times200 \\
&= 1.306 \text{（t）}
\end{aligned}
$$

载荷移动的牵引力为

$$
\begin{aligned}
F_q &= \sum_{n=1}^{K}P_{\text{qm}}i_n\sin\alpha_n \\
&= 1.306\times(1\times\sin26.29°+3\times\sin8.60°+2\times\sin7.300\,6°) \\
&= 1.496 \text{（t）}
\end{aligned}
$$

式中　i_n——第 n 档的载荷件数；

　　　α_n——第 n 档的支撑点高差角。

牵引索运转摩擦阻力为

$$
\begin{aligned}
F_z &= \sum_{n=1}^{K}\mu_1P_{\text{qm}}i_n\cos\alpha_n \\
&= 0.05\times1.496\times(1\times\cos26.29°+3\times\cos8.60°+2\times\cos7.300\,6°) \\
&= 0.437 \text{（t）}
\end{aligned}
$$

式中 μ_1——摩擦系数，取值 0.05。

牵引索的无载荷水平张力为

$$F_{zh} = g_q l_1^2 / (8 f_{0q})$$

$$= 932 \times 10^{-6} \times 423^2 / (8 \times 1.5 \times 0.05 \times 423) = 0.657（t）$$

式中 f_{0q}——无载荷时计算档（最大档）的牵引索弛度，一般取承载索弛度 f_0 的 1.5 倍（$1.5 f_0 = 1.5 \times S_0 \times 1$）。

如果算得 F_{zh} 小于 $500 g_q = 500 \times 932 \times 10^{-6} = 0.466（t）$ 时，必须取 $500 g_q$ 作为实际使用的牵引索无载荷时水平张力。因为牵引索在无载荷时的水平张力若太小，容易造成钢丝绳在绞磨上打滑。

故循环牵引索张紧力为

$$G = 2 F_{zh} = 2 \times 0.657 = 1.314（t）$$

高差引起的牵引索张力差为

$$F_c = g_q \sum h = 932 \times 10^{-6} \times 210.5 = 0.196（t）$$

最大牵引力为

$$F_D = F_q + F_z + F_{zh} + F_c$$

$$= 2.787（t）$$

校核安全系数为

$$F = 2.787t < （T_{pq}/K_q） = 138/4.5/10 = 3.067t$$

所以强度合格（牵引索安全系数 $K_q \geqslant 4.5$）。

5.2.3　支架及拉线强度校核

1. 支架选定

选用四立柱钢管 A 型支架，钢管外径 160mm，壁厚 8mm，拉线采用顺线路 4 根拉线，横线路 2 根拉线。支架搭设示意图如图 5-6 所示。

2. 支架载荷计算

承载索是固定在支撑器上的，承载索在 D 点的张力和档内载荷产生 D 点的纵向水平力（D_{cp} 和 D_{kp}）和 D 点的竖直方向力（D_{cs}、D_{ks}）。支架承受的横向水平载荷，是由横向风作用产生的载荷。

单件最大载荷位于 C～D 档中点时，D 点承载索的张力为

$$T_{Dd} = \sqrt{H_1^2 + [P_1 / (N+1)]^2} + g_c f_0 (1 + h_1 / 4 f_0)^2$$

$$= (\sqrt{14.72^2 + (3.483 / 2)^2} \times 1000 + 3650 \times 10^{-6} \times$$

$$423 \times 0.05 \times (1 + 20 / 423 / 0.05)^2) / 1000$$

$$= 19.715（t）$$

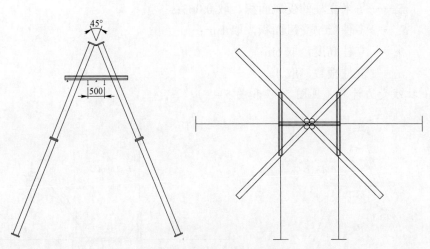

图 5−6   支架搭设示意图

计算承载索 D 点对支架的水平作用力时，以单件最大载荷时的承载索张力 T_{Dd} 代入。

D 点承载索处支架所受水平力 F_{cp}（单件最大载荷时）为

$$F_{cp} = \mu_2(1 + \cos\alpha_2 - \cos\alpha_1)T_{Dd}$$
$$= 0.1 \times (1 + \cos 7.399° - \cos 8.6°) \times 19.715$$
$$= 1.977 \ (t)$$

式中 μ_2——张力不均匀系数，取 0.1。

承载索处支架所受最大竖直方向压力 F_{cs}（多件连运时较大）为

$$F_{cs} = [K(P_{0m} + P_g + P_m)/m + g_{承} + Kg_q] \times (l_1 + l_2)/2 + (\pm\tan\alpha_1 \pm \tan\alpha_2) \times H_2$$
$$= [1.31(0.5 + 0.06)/200 + 0.003\,65 + 1.31 \times 0.000\,932] \times 577/2 +$$
$$(\tan 8.6° - \tan 7.399°) \times 9.979$$
$$= 2.676 \ (t)$$

运输货物时受现场最大风力影响时，最大水平方向压力 F_h（多件，风速 16m/s）为

$$F_h = V_1\sum D \times (l_1 + l_2)/2 + (V_2 S_m/m) \times (l_1 + l_2)/2 + V_4 S_z h_z n/2$$
$$= [16 \times (28 + 16) \times 10^{-3} \times 577/2 + 22.4 \times 1/200 \times 577/2 +$$
$$35.2 \times 0.063 \times 6 \times 4/2]/1000$$
$$= 0.262 \ (t)$$

式中 D——所有绳索直径和；

V_1、V_2、V_4——钢丝绳、货物、支柱的风压，$V_1=16$，$V_2=22.4$，$V_4=35.2$；

　　　S_z——每米立柱的受风面积，取 0.063；

　　　S_m——多件货物受风面积，取 $1m^2$；

　　　h_z——立柱高度，取 6m；

　　　n——立柱根数，取 4。

3. 拉线受力计算（见图 5-7 和图 5-8）

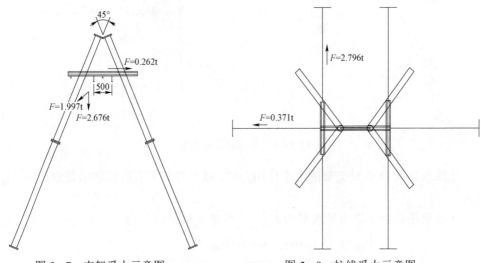

图 5-7　支架受力示意图　　　　　图 5-8　拉线受力示意图

拉线选用 $\phi16$ 钢丝绳，拉线地锚选用 5t。

6

索道安全管理及环保措施

6.1 索道管理

（1）专人负责、专项管理。

1）索道队应设置索道队队长一名；设置一名专业技术人员，负责索道单基策划书的编制及索道技术参数的确定；设置一名安全员，负责现场的安全监督、检查。各岗位人员做到岗位职责明确，分工合理、有序。

2）每 4 条索道为一个施工班组，索道架设班组为 5 人一班组（含领工 1 名、高空 1 名、力工 3 名）索道运输班组为 4 人一班组（机械操作手 1 名、装料手 2 名、卸料手 1 名）。

3）各索道队可根据实际施工需求灵活安排组织施工人员。

（2）专业设备。采用专业厂家的机械设备，执行专业规范的管理。设备选择采用制式化，统一标准。索道关键部件如索道牵引机、鞍座、跑车、支架、重型地锚采用专业厂家生产的产品，产品应具有相应的检测合格证书，铭牌上必须标明额定荷载，特别是运行小车上的抱索器，必须明确适用的钢丝绳规格范围已经对应的握力值，以便于检测和安全管理。

（3）部件的专业加工。

1）索道部件涉及焊接的，其焊接技术人员应接受过专门的焊接技术培训，且具备焊接资质证书，焊接工艺、质量、检查按照相关焊接标准执行。

2）钢结构部件需采取有效防腐蚀措施，宜选用镀锌方式。

3）钢材的切断可以采用冷切割（锯切、剪切）或热切割（等离子切割），冷切割应优先采用锯切，热切割宜优先采用等离子切割，热切割后应对切割面进行处理。

4）零件的制弯，不得不均匀加热制弯，如采用割炬、割嘴烘烤等制弯。

5）不同材质允许冲孔的最大厚度不同，对于 Q235 材质允许冲孔最大厚度为 16mm，对于 Q345 材质允许冲孔最大厚度为 14mm，超过冲孔厚度应采用钻孔工艺。

6）采用冲孔工艺时，冲孔后构件周围表面不得有明显的凹面缺陷和边缘裂纹，大于 0.3mm 的毛刺应清除；钻孔后孔内壁粗糙度 R_a 应达到 $3.2\mu m \leqslant R_a \leqslant 6.3\mu m$。

7）部件需矫正的，矫正后的部件外观不应有明显的凸凹面和损伤，表面划痕深度不宜超过钢材厚度允许偏差的最小值。

8）各索道部件必须经相应型式试验、相互匹配试验、承载力试验验证合格后方可开始批量加工。

9）各索道部件必须在明显位置设置铭牌，示出主要参数。

（4）索道的标志。

1）支架横梁、鞍座、运行小车、高速转向滑车、地锚标志等应设喷漆标志，标志应在构件上固定牢靠，标志内容应包含产品型号、编号、额定载荷、生产日期等信息。

2）支架支腿标志应作出清楚正确的标志，标志宜采用喷漆标志，标志内容应包括产品型号、构件号、生产日期等内容。

3）工作索应设置标牌，标明工作索的规格型号、额定破断力及安装日期。

4）牵引装置标志。

a. 牵引装置应在明显位置固定产品标牌，其要求应符合 GB/T 13306—2011《标牌》中的规定，标牌应包括下列内容：产品名称和型号；额定牵引力、额定牵引速度；各档位的牵引力及牵引速度；发动机型号、转速和功率；制造厂名称；外形尺寸；整机质量；出厂编号、出厂日期。

b. 牵引装置重要零部件应有标识，如标牌、标签等。标牌、标签应牢固清晰。

c. 所有的操纵杆、手柄手轮均应清晰标明其用途和操纵方向的标志，紧急制动手柄应有明显的区别。

d. 在经常需要检查、维修的重要部位，应设有提示标牌。

（5）索道的包装。

1）支架的横梁、立柱及其附件应分别进行包装。横梁及其附件应一同装入相应规格的包装箱内。包装箱应设置固定横梁及其附件的木质垫块。立柱及其附件应一同装入相应规格的包装箱内。包装箱应设置固定立柱及其附件的木质垫块，每包构件必须做到包捆整齐、牢固，并应有防止锌层损坏措施。

2）鞍座、运行小车、高速转向滑车、地锚宜采用木箱包装。包装箱内应设置隔断以分别安放鞍座、运行小车、高速转向滑车、地锚。

3）钢丝绳应用滚筒线盘盘绕成捆包装，包装应附有标志，标志应有规格型号、额定破断力、盘长、质量等内容。钢丝绳宜装入方形搁置框内，搁置框应设置防滚动装置。

4）牵引装置包装。

a. 牵引装置及其零部件的包装标志，应符合 GB/T 191《包装储运图示标志》的规定。

b. 牵引装置宜采用木箱包装。包装箱内应设置固定牵引装置的木质垫块。

5）辅助工器具应采用小型集装箱包装，集装箱内设置固定辅助工器具的木质垫块。

6）各类索道设备、部件的包装箱内应有装箱单、技术文件。装箱单应与实物相符，其中应有产品编号、箱号、箱内零部件名称与数量、质量、连接件使用部位、发货日期、检验人员的签字。

7）索道各部件产品技术文件应包括以下内容：

a. 产品合格证、型式试验合格证。

b. 使用说明书。

c. 随机备件和附件工具清单。

d. 易损件清单。

（6）索道的运输。

1）各种规格的索道装置宜采用集装箱运输。

2）集装箱应经过设计，充分利用集装箱空间，各种规格的索道装置得到妥善安置。

3）运输应符合铁路、公路等交通运输的规定。同时根据运输条件和运输能力控制运输质量和包装质量。

4）在装卸过程中，注意装卸方法，不能损坏包装或使产品变形、损坏。

（7）索道的储存。

1）储存时应有详细档案，储存期间的所有变动情况均应详细记入档案。

2）索道设备储存时，必须采取有效措施防止结构发生变形，并采取防雨、防潮、防晒等措施。

3）支架的横梁、立柱、鞍座、运行小车、高速转向滑车、地锚在储存时应进行检查，部件有变形、损坏应及时更换，标示不清时应重新喷漆标示。

4）钢丝绳在储存前应进行按照 GB/T 5972—2016《起重机 钢丝绳 保养、维护、检验和报废》标准的要求对钢丝绳进行保养清理，应清除铁锈及灰尘并涂油，涂油时应用热油（50℃左右）浸透绳芯，再擦去多余的油脂。

5）钢丝绳存放不应重叠压置，存放处应保持清洁、干燥、无污染。

6）牵引装置长期储存时，应卸去载荷，处于空载状态，手柄制于空挡位置。

7）储存应设产品标牌，长期储存后启用，应核对产品标牌与档案是否一致，并进行全面检查和试运行，锈蚀严重的零件应更换，润滑剂则应全部清洗后更换。

6.2 安全要求

索道施工设计应考虑以下因素：

（1）索道运行中货物与地面障碍物需保持一定安全距离。

（2）承载索在重载情况下，跨距中点的最大弧垂宜为跨距的7%，最大不超过跨距的10%。

（3）索道运行中所有支架处承载索不得有上扬情况。

（4）承载索的校核应以单个集中荷载位于最大跨距中点时作为控制条件。

索道的设计、安装、检验、运行、拆卸应符合 DL/T 875《架空输电线路施工机具基本技术要求》及 DL 5009.2《电力建设安全工作规程　第2部分：电力线路》的相关规定。

货运索道尽量不要跨越公路、铁路，如必须跨越时等应设置明显的标志，并取得相关部门的同意，确保货物与车辆的安全距离符合规定。

索道各主要部件的安全系数应按表6-1中数值选取。

表6-1　　　　　　　　　　　主要部件的安全系数

索道主要部件	承载索（含返空索）	牵引索	拉线、地锚及其他受力部件
安全系数	2.6~2.8	≥4.5	≥3

注　钢结构支架设计时已经考虑结构应力安全，施工时可按标明的额定荷载直接选用。

支架应采用拉线保持支架稳定，拉线对地夹角不宜大于45º，同侧支腿夹角宜为30°。

当支架拉线对地夹角和支腿夹角因地形条件限制不能满足要求时，需增加横向支腿及相应柱间水平支撑。

同侧支腿间应设置柱间水平支撑，柱间水平支撑宜采用钢管通过抱箍连接方式与支腿固定，支架高度大于3m时，柱间水平支撑分段高度按3m左右设置。

支架坐地处除良好岩石类地基外均应浇筑混凝土垫层，同侧支腿底部设置绑脚绳。组立支架周围应有必要的防护及排水措施。

索道驱动装置不得设置在承载索下方及索道路径延长线上，应安置在地势平坦、视野开阔的地方。

高速滑车的设置应使牵引绳进、出绳（尾绳）的高度与牵引机卷筒槽底一致。

牵引绳尾绳张力不宜过大，避免两卷筒之间的向心拉力增大，出现轴承损坏。

使用钢绳卡固定工作索端部，绳卡压板应在钢丝绳主要受力的一边，且绳卡不得正反交叉设置；绳卡间距不应小于钢丝绳直径的 6 倍，绳卡的数量可按表 6-2 选取。

表 6-2　　　　　　　　　　　　　钢丝绳端部固定用绳卡的数量

钢丝绳直径（mm）	7～18	19～27	28～37	38～45
绳卡数量（个）	3	4	5	6

注　见 GB/T 5972—2016 有关规定。

索道架设后，在各支架及牵引设备处应安装临时接地装置。

索道沿线属工作场所，应设置明显标志，确索道周围无非工作人员停留。

牵引机在使用前，应依照机械操作手册进行专项检查和发动机的预热工作。

操作人员必须根据运输荷载计算出的牵引力选择牵引机相应的工作档位，调整发动机转速、变速器档位，使牵引机处于一个合适牵引速度，以提高工作效率。

机械设备应严格按照制造厂家提供的使用说明书进行维护保养。

牵引机司机应培训合格，视力（含矫正视力）0.7 以上，无色盲、听力无障碍，并熟悉下述知识：所操作的牵引机及架空索道的构造和技术性能、熟悉本操作指南有关运维安全的规定、安全防护部位及性能、指挥信号、保养的基本维护知识。

运行小车通过支架鞍座时，应慢速牵引，待通过后再加速牵引。

索道运行过程中，承载索下方及转向内角侧不得有人。在驱动装置停机后，装卸人员方可进入装卸区域，且应在安全位置作业。

索道的最高运行速度不宜超过 60m/min。

严禁高速运行时急刹车。

严禁超载、超速运行，严禁载人运行。

严禁跨越运行中的钢丝绳。

严禁重物及运行线路下方站人。

发现钢丝绳故障时严禁运行时排除，必须停机维修。

通信信号中断或不清时立即停车。

排除高空故障必须有严格的安全措施。

装卸工卸料时必须站在料桶（塔材）的侧面。

高速转向滑车及运行小车动滑轮应定期检查是否旋转自如、凹槽有无磨损、间隙是否过大，如有上述现象，应及时更换轴承、轴衬或滑轮。

6 级风、雷暴、暴雨、等恶劣天气时不得作业。

索道设备应有出厂检验合格证。

所有钢丝绳应定期进行检查，注意观察有无磨损、腐蚀、变形、断裂等不良现象，并严格执行 DL 5009.2 的规定，及时更换。

在山坡上拆除绳索时，应采取措施防止绳索自动下滑。

承载索固定端头绳套应使用套环（鸡心环），防止钢丝绳弯曲部分受损。

严禁在钢丝绳拐弯内侧进行作业。

多级索道接力换挂必须有工作台，两级索道的小车不能挂在同一重物上。必须让返空小车离开重物后方可挂上重车。

索道拆除应指定专人负责，确认无影响安全的隐患后方可开始拆除作业，拆除作业全过程必须有专人指挥，确保安全拆除。

承载索拆除前，应先张紧，待索与锚绳的接连处松弛后，方依前后顺序卸除绳卡，使其缓慢放松，严禁直接放松承载索或放倒支架的方式拆除。

放松各类钢丝绳时，严禁索下站人，收集钢丝绳时，应事先检查，确认钢丝绳两侧无人后方可收绳。

确认全部承载索放于地面时方可拆除滑车，小车等部件。

牵引机的拆除和转移需要对牵引索、地锚等有可靠的保护措施。

6.3 施工安全风险识别评估及预控措施

施工安全风险识别评估及预控措施见表 6-3。

表 6-3　　　　　　　　施工安全风险识别评估及预控措施

序号	工序	作业内容及部位	风险可能导致的后果	固有风险评定值 D_1	固有风险级别	预控措施
1 基础施工						
1.1	机料机具运输	1.1.1 索道运输	物体打击坍塌机械伤害	90	3	（1）编写专项施工方案。 （2）填写《安全施工作业票 B》，作业前通知监理旁站。 （3）索道装置应经过验收合格后方可投入运输作业。 （4）严禁超载、装卸笨重物件，严禁运送人员，索道下方严禁站人，派专人监护，对索道下方及绑扎点进行检查
2 杆塔施工						
2.1	杆塔运输	2.1.1 索道运输	物体打击机械伤害坍塌	120	3	（1）索道运输作业前必须编制专项施工方案。 （2）填写《安全施工作业票 B》，作业前通知监理旁站。 （3）临时货运索道运输，索道架设不得跨越居民区、铁路、等级公路、高压电力线路等重要公共设施。当索道跨越一般民用房屋（非居住）、耕地、建筑物、乡道时，要设专人监控货物通过时最低点距被跨越的最小安全距离，必要时设置相应的防护设施。运输索道正下方左右各 10m 的范围为危险区域，应设置明显醒目的警告标志，并设专人监管，禁止人畜进入。投入运行前应经验收合格。

续表

序号	工序	作业内容及部位	风险可能导致的后果	固有风险评定值 D_1	固有风险级别	预控措施
2.1	杆塔运输	2.1.1 索道运输	物体打击机械伤害坍塌	120	3	（4）遇有雷雨天气、六级风以上天气时，应停止索道运输工作。所有电器设备、索道和支撑架应可靠接地。 （5）一个张紧区段内的承载索，应采用整根钢丝绳，使用安全系数不应小于 2.6；返空索直径不宜小于 12mm。 （6）牵引索应采用较柔软、耐磨性好的钢丝绳，使用安全系数不应小于 3.0。 （7）索道支架宜采用四支腿外拉线结构，支架拉线对地夹角不宜超过 45°。支架基础位于边坡附近时，应校验边坡稳定性，必要时应在周围设置防护及排水设施。货物通过支架时，其边缘距离支架支腿不得小于 100mm。支架承载的安全系数不应小于 3。 （8）索道货物运行小车（简称小车）、支撑承载索、返空索、牵引索的支撑器、鞍座、滚轮、导向杆等零部件均应按设计载荷使用，出厂时应按铭牌做机械性能检验。 （9）循环式索道驱动装置应采用摩擦式驱动装置，卷筒的抗滑安全系数，正常运行时不得小于 1.5；在最不利载荷情况下启动或制动时，不得小于 1.25。最高运行速度不宜超过 60m/min。 （10）牵引索使用频率较高，容易出现磨损、变形、断丝和疲劳等现象，报废应符合 GB/T 5972—2016 的断丝标准。牵引索的钳口使用过程中应经常检查，定期更换

6.4 环保措施

（1）建立环境管理体系，制定环境方针、目标及指标，建立健全相关工作管理检查制度。

（2）各施工现场的布置应提前做好策划，在满足安全施工的前提下尽量减少施工占地；施工作业人员必须从事先规划好的施工通道内进出，不得随意踩踏。

（3）施工现场应设临时厕所、垃圾桶，配置急救箱和相关的药品。

（4）施工场地须做到工完料尽场地清，所有施工垃圾必须统一回收处理。

（5）机动绞磨、钢丝绳等工器具与地面不得直接接触，应用彩条布进行隔垫，以防油污渗入土中。

（6）山区作业尽量减少树木的砍伐及植被破坏，注重森林防火等措施。

6.5 索道工器具

索道工器具见表 6-4。

表 6-4 索 道 工 器 具

系统	名称	规格	单位	数量	备注
起端锚固	U 型环	20t	个	4	
	钢丝绳套	$\phi 24 \times 7m$	根	4	两端插环
	钢丝绳	$\phi 21.5 \times 2.5m$、4m	根	各 4	两头插环
	拉力表	15t	个	3	承载绳、牵引绳用
	手拉葫芦	15t	个	2	承载绳用
	手拉葫芦	6t	个	4	
	地锚	20t	个	2	承载绳用
	地锚	5t	个	4	
	转向滑车	15t	个	2	锚固承载绳用
支架	支架		套	1	根据实际增加
	$\phi 30$ 钢钎	5t	个	6	
	U 型环	5t	个	6	
	紧线器	$\phi 30$	个	6	
	钢丝绳套	$\phi 16.5 \times 9m$	个	6	两头插环
终端锚固	U 型环	20t	个	4	
	钢丝绳套	$\phi 24 \times 7m$	根	4	两端插环
	钢丝绳	$\phi 21.5 \times 2.5m$、4m	根	各 2	两头插环
	手拉葫芦	15t	个	2	
	手拉葫芦	6t	个	2	
	地锚	20t	个	2	
	地锚	5t	个	3	
	转向滑车	15t	个	2	
承载索	钢丝绳卡	$\phi 21.5$	个	16	
	钢丝绳	$\phi 21.5 \times 1000m$	根	2	单头插环，长度根据实际调整
承运小车	单索小车	单锁	个	4	
牵引机构	索道牵引机	60kN	台	1	
	地锚	5t	个	2	

续表

系统	名称	规格	单位	数量	备注
牵引机构	手拉葫芦	6t	个	2	
	U型环	5t	个	4	
	钢丝绳套	$\phi 16.5 \times 9m$	个	2	
牵引转换机构	转向滑车	10t	个	4	
	U型环	5t	个	8	
	钢丝绳套	$\phi 16.5 \times 4m$	个	6	两端插环
	$\phi 30$钢钎	5t	个	6	
	钢丝绳套	$\phi 16.5 \times 9m$	个	6	两端插环
	档端木	200mm × 200mm × 1000mm	根	2	
返空索	钢丝绳	$\phi 16.5 \times 1000m$	根	1	长度根据实际距离调整
起重索	钢丝绳	$\phi 16.5 \times 1000m$	根	1	长度根据实际距离调整

7

架空线路专用货运索道
设计及制造要求

7.1 1000kg 级索道设计要求

1000kg 级索道设计的边界条件应为：单承载索，运载能力不大于 1000kg；多跨最大长度为 3000m，相邻支架间的最大跨距不宜超过 600m，相邻支架最大弦倾角不大于 50°；单跨最大跨距不宜超过 1000m，相邻支架最大弦倾角不大于 50°；工作环境温度一般为 −20～40℃。

1000kg 级索道支架的设计应符合以下要求：

（1）纵向水平不平衡张力按竖向下压力的 20% 近似取值，作为验算横梁水平方向抗弯强度的依据。

（2）支架应设置拉线，保证支架稳定。

（3）支架横梁规格由竖向下压力、横梁长度确定。

（4）支架的立柱规格应由所受的轴向下压力和支架高度确定。

（5）支架顶部两端均设置 3 个方向的拉线挂孔，拉线挂孔宜平面朝斜下布置，平面与水平面向下夹角为 30°。

（6）支架立柱材料宜采用金属材料或复合材料，结构形式应采用格构式或圆管式，连接方式宜采用法兰连接。立柱单件标准长度可设计为 3、2、1、0.5m 等组合形式，长度最长不宜超过 3m，单件最大重量宜控制在 50kg 内。立柱应有高度微调装置，最大调节长度不超过 500mm。

（7）支架高度超过 3m 时，同侧立柱间应设置横隔，横隔间距不得超过 3m。

（8）支架应设置钢结构柱脚底板，防止柱脚下沉。

（9）支架横梁尺寸应保证运行小车在承载索和返空索上相对运行通畅，运载货物相互间不得碰撞。

1000kg 级索道鞍座的设计应符合以下要求：

（1）绳槽宜采用尼龙衬垫，尼龙衬垫绳槽的半径应比承载索公称半径大 7.5%，宜以绳索的 1/3 圆周支撑绳索，以保证运行小车正常运行并允许承载索弯曲。

（2）鞍座各部位尺寸应与运行小车尺寸配合。

（3）鞍座应设置运行小车导向条。

（4）鞍座与支架的连接方式宜采用铰接方式。

1000kg 级索道工作索的设计应符合以下要求：

（1）承载索、返空索。承载索、返空索宜选用线接触或面接触 6×36mm 同向捻钢丝绳，钢丝公称抗拉强度不宜小于 1670MPa。承载索直径应不小于 18mm，返空索的直径应不小于 12mm。

（2）牵引索。牵引索宜选用线接触或面接触同向捻钢丝绳，其钢丝公称抗拉强度不宜小于 1670MPa。牵引索的直径应不小于 13mm。

1000kg 级索道牵引装置的设计应符合以下要求：

（1）机械式索道牵引机上应配备正、反向制动装置，并且彼此独立。制动器应具有逐级加载和平稳停车的制动性能。

（2）索道牵引机的额定牵引速度不大于 32m/min，卷筒底径不小于 260mm。

（3）索道牵引机应选择双卷筒式设备。

1000kg 级索道运行小车的设计应符合以下要求：

（1）运行小车的强度应满足承载绳根数、承载力（单件最重物件重量）的要求。

（2）运行小车本体形状、抱索装置尺寸应与鞍座和牵引索直径相匹配。

（3）运行小车上抱索器的抗滑力不得小于物件在最大倾角处沿钢丝绳方向分力的 1.3 倍。抱索器应采用防松措施避免长期反复使用后对绳索的夹持力减小。

（4）运行小车行走轮的设计承载力不宜超过 10kN。

（5）运行小车行走轮轮缘断面形状应与承载索相适应，车轮直径不宜超过 125mm。车轮宜设对承载索有保护作用的耐磨轮衬。

（6）运行小车宜有快速卸货的装置。

（7）抱索器的抗滑力不得小于运行小车重力在最大倾角处沿钢丝绳方向分力的 1.3 倍，当牵引索直径增大或减小 10% 时，抱索器的握着力也应满足抗滑要求。

（8）抱索器前后出绳口应设计成圆弧状。

1000kg 级索道地锚应按受力选择相应形式、规格。

1000kg 级索道高速转向滑车的设计应符合以下要求：

（1）高速转向滑车宜采用圆柱轴承。

（2）高速转向滑车的槽底轮径与牵引索直径的比值应不小于 15，包络角不宜大于 90°。

1000kg 级索道辅助工器具应按索道的跨数、载荷的分布情况选配。

7.2 2000kg 级索道设计要求

2000kg 级索道设计的边界条件应为：双承载索，运载能力不大于 2000kg；多跨最大长度为 2000m，相邻支架间的最大跨距不宜超过 600m，相邻支架最大弦倾角不大于 50°；单跨最大跨距不宜超过 1000m，相邻支架最大弦倾角不大于 50°；工作环境温度一般为 −20~40℃。

2000kg 级索道支架的设计应符合以下要求：

（1）纵向水平不平衡张力按竖向下压力的 20%近似取值，作为验算横梁水平方向抗弯强度的依据。

（2）支架应设置拉线，保证支架稳定。

（3）支架横梁规格由竖向下压力、横梁长度确定。

（4）支架的立柱规格应由所受的轴向下压力和支架高度确定。

（5）支架顶部应设满足安装和维修要求的起重架，支架头部应设带护栏的操作台，支架上应设工作梯。

（6）支架顶部两端均设置 3 个方向的拉线挂孔，拉线挂孔宜平面朝斜下布置，平面与水平面向下夹角为 30°。

（7）支架立柱材料宜采用金属材料或复合材料，结构形式应采用格构式或圆管式。立柱单件标准长度可设计为 3、2、1、0.5m 等组合形式，单件最大重量宜控制在 50kg 以内，宜采用法兰连接，长度最长不宜超过 3m。立柱应有高度微调装置，最大调节长度不超过 500mm。

（8）支架高度超过 3m 时，同侧立柱间应设置横隔，横隔间距不得超过 3m。

（9）支架应设置钢结构柱脚底板，防止柱脚下沉。

（10）支架横梁尺寸应保证运行小车在承载索和返空索上相对运行通畅，运载货物相互间不得碰撞。

2000kg 级索道鞍座的设计要求与 1000kg 级索道鞍座相同。

2000kg 级索道工作索的设计应符合以下要求：

（1）承载索、返空索。承载索、返空索宜选用线接触或面接触 6×36mm 同向捻钢丝绳，钢丝公称抗拉强度不宜小于 1670MPa。承载索直径单索应不小于 24mm、双索应不小于 18mm，返空索的直径应不小于 13mm。

（2）牵引索。牵引索宜选用线接触或面接触同向捻钢丝绳，其钢丝公称抗拉强度不宜小于 1670MPa。牵引索的直径应不小于 16mm，最小张力应保证钢丝索不落地且在驱动轮上不出现打滑现象。

2000kg 级索道牵引装置的设计应符合以下要求：

（1）机械式索道牵引机上应配备正、反向制动装置，并且彼此独立。制动器应具有逐级加载和平稳停车的制动性能。

（2）索道牵引机的额定牵引速度不大于 32m/min，卷筒底径不小于 280mm。

（3）索道牵引机宜选择双卷筒式设备。

2000kg 级索道运行小车的设计应符合以下要求：

（1）运行小车的强度应满足承载绳根数、承载力（单件最重物件重量）的要求。

（2）运行小车本体形状、抱索装置尺寸应与鞍座和牵引索直径相匹配。

（3）运行小车上抱索器的抗滑力不得小于物件在最大倾角处沿钢丝绳方向分力的 1.3 倍。抱索器应采用防松措施避免长期反复使用后对绳索的夹持力减小。

（4）运行小车每个行走轮的设计承载力不宜超过 6kN。

（5）运行小车行走轮轮缘断面形状应与承载索相适应，车轮直径不宜超过 125mm。车轮宜设对承载索有保护作用的耐磨轮衬。

（6）运行小车宜有快速卸货的装置。

（7）抱索器的抗滑力不得小于运行小车重力在最大倾角处沿钢丝绳方向分力的 1.3 倍，当牵引索直径增大或减小 10% 时，抱索器的握着力也应满足抗滑要求。

（8）抱索器前后出绳口应设计成圆弧状。

2000kg 级索道地锚的设计要求与 1000kg 级索道地锚相同。

2000kg 级索道高速转向滑车的设计要求与 1000kg 级索道高速转向滑车相同。

2000kg 级索道辅助工器具的选取与 1000kg 级索道辅助工器具相同。

7.3　4000kg 级索道设计要求

4000kg 级索道设计的边界条件应为：双承载索，运载能力不大于 4000kg；多跨最大长度为 1500m，相邻支架间的最大跨距不不宜超过 600m，相邻支架最大弦倾角不大于 50°；单跨最大跨距不宜超过 1000m，相邻支架最大弦倾角不大于 35°；工作环境温度一般为 −20～40℃。

4000kg 级索道支架的设计要求与 2000kg 级索道支架相同。

4000kg 级索道鞍座的设计要求与 1000kg 级索道鞍座相同。

4000kg 级索道工作索的设计应符合以下要求：

（1）承载索、返空索。承载索、返空索宜选用线接触或面接触 6×36mm 同向捻钢丝绳，钢丝公称抗拉强度不宜小于 1670MPa。承载索直径双索应不小于 26mm、返空索的直径应不小于 12mm。

（2）牵引索。牵引索宜选用线接触或面接触同向捻钢丝绳，其钢丝公称抗拉强度不宜小于 1670MPa。

牵引索的直径：双承载索不小于 16mm。

4000kg 级索道牵引装置的设计应符合以下要求：

（1）机械式索道牵引机上应配备两套正、反向制动装置，并且彼此独立。制动器应具有逐级加载和平稳停车的制动性能。

（2）索道牵引机的额定牵引速度不大于 32m/min，卷筒底径不小于 320mm。

（3）索道牵引机宜选择双卷筒式设备。

4000kg 级索道运行小车的设计要求与 2000kg 级索道运行小车相同。

4000kg 级索道地锚的设计要求与 1000kg 级索道地锚相同。

4000kg 级索道高速转向滑车的设计要求与 2000kg 级索道高速转向滑车相同。

4000kg 级索道辅助工器具的选取与 1000kg 级索道辅助工器具相同。

7.4 架空线路专用货运索道制造要求

7.4.1 一般要求

索道部件相同规格的应具有互换性。

7.4.2 材料要求

（1）索道部件应选用镇静钢，宜采用力学性能不低于 GB/T 700《碳素结构钢》中的 Q235 钢和 GB/T 699《优质碳素结构钢》中的 20 钢材；当结构采用高强度钢材时，可采用力学性能不低于 GB/T 1591 中的 Q345、Q390、Q420 钢材。

（2）部件的材料应有供应商提供的合格证及质量证明文件，其主要承载部件应具有良好的低温冲击韧性，并符合 GB 50205《钢结构工程施工质量验收标准》的规定。采用 GB 50205 规定以外的材料，索道制造单位应进行验证。

（3）材料必须有化学成分、屈服限、强度限、伸长率、冲击韧性、冷弯等试验证明，索道制造单位应进行复检。外观缺陷，如锈蚀、重皮、尺寸和形状误差等，均不得超过 GB 50205 的规定。主要承载部件，应进行疲劳校核。

（4）钢丝绳应符合 GB/T 20118—2017《钢丝绳通用技术条件》的要求。

7.4.3 焊接要求

（1）手工焊接的焊条应符合 GB/T 5117《非合金钢及细晶粒钢焊条》或 GB/T 5118《热强钢焊条》的规定。选择的焊条牌号应与被焊件材料牌号、焊缝所受载荷的类型、焊接方法等适应。埋弧焊用焊丝与焊剂质量及组配应符合 GB/T 5293《埋弧焊用非合金钢及细晶粒钢实心焊丝、药芯焊丝和焊丝—焊剂组合分类要求》和

GB/T 12470《埋弧焊用热强钢丝实心焊丝、药芯焊丝和焊丝—焊剂组合分类要求》的规定。焊接接头型式应符合 GB/T 985.1《气焊、焊条电弧焊、气体保护焊和高能束焊的推荐坡口》、GB/T 985.2《埋弧焊的推荐坡口》的规定。

（2）焊接作业必须由持相应合格证的焊工施焊，并符合 GB 50661《钢结构焊接规范》相关焊接要求。

7.4.4　锻造要求

（1）锻造构件应根据机械强度要求，正确选用钢材。

（2）合理控制加热温度、开（终）锻温度和保温时间。

（3）锻件需经热处理，以消除锻造应力。

（4）清理锻件表面氧化皮，进行外观、硬度检查和无损探伤。

7.4.5　连接要求

（1）索道部件应使用螺栓、销轴等牢固可靠连接。

（2）索道连接用螺栓、螺母应符合 GB/T 3098.1—2010《紧固件机械性能　螺栓、螺钉和螺柱》和 GB/T 3098.2—2015《紧固件机械性能　螺母》的规定，并应有性能等级符号标识及合格证书，使用前应复检。

7.4.6　牵引装置要求

（1）索道牵引装置磨筒直径应大于最大使用钢丝绳直径的 15 倍。

（2）索道牵引装置制造安装时应对动力部分加装减振装置，须在水箱、蓄电池、离合器及皮带传动机构加装安全保护罩壳，须在卷筒轴承端盖上设置润滑脂加注装置。

（3）索道牵引装置应采用双卷筒牵引机，卷筒的抗滑安全系数在正常运行、制动时不得小于 1.25。

（4）索道牵引装置机应设限速装置，索道运行速度超过额定运行速度 20%时应制动停车，索道停止运行。

（5）挡位手柄准确，灵活可靠。传动离合器手柄操作力应小于 50N。

（6）双牵引卷筒金属材料表面硬度应符合 HRC45～50，并具有良好的耐磨性。

7.4.7　支架要求

（1）索道支架的标准节应具有互换性，采用开口型材时，其壁厚不得小于 5mm；采用闭口型材时，其壁厚不得小于 2.5mm，且内壁应进行防腐处理。

（2）支架所有钢结构部件应采取有效防腐蚀措施，防腐蚀措施宜选用热镀锌方式。

（3）索道支架横梁应设置 100kN 级承载索施工挂环，并设置相应构件安装限位装置。

（4）各焊接部位应焊牢、焊透，不允许有裂纹、气孔、夹渣、咬母材等任何影响焊接质量的缺陷存在，焊缝应饱满。

（5）支架法兰孔应采用工装加工，确保法兰的互换性。

（6）支架立柱焊接应在工装上进行，以保证立柱单节长度误差不超过 2/1000，保证立柱组立后的直线度误差不超过 2/1000。

7.4.8 鞍座、运行小车要求

（1）托索轮板及各滑轮应轮动灵活，无卡滞，各锐边倒钝。

（2）各转动部件的轴承外侧应有防尘和密封装置。轴端应有注油装置。

（3）锻件不应有过烧、过热、残余缩孔、裂纹、折叠及夹层等内外部缺陷，不允许将缺陷焊后再用。

（4）承载索的鞍座应采用铸钢或焊接结构，绳槽宜设带润滑装置的尼龙或青铜衬垫。

（5）无衬或青铜衬鞍座绳槽的曲率半径，不小于承载索直径的 100 倍；尼龙衬鞍座绳槽的曲率半径，不小于承载索直径的 150 倍。

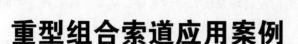

8

重型组合索道应用案例

8.1 重型组合索道优点

重型组合索道具有载量大、易操控、运输能力强、可控性能优、适用范围广等优点，具体如下：

（1）发料场可设置在交通较为便利的位置，索道长度可随物料运输距离的增加而逐渐增长，直线运输距离最长可达 3000m。

（2）索道端部均设置测力装置，可监控每根钢索的受力情况，具有良好的安全性。

（3）索道支架采用便携组装式结构，拆装运输方便，可根据地形情况调整结构高度，其结构高度最大可达 10m。

（4）索道支架采用钢结构，具有良好的刚度和稳定性。

（5）采用多根索同时承载重物，满足 50kN 重型物料的运输要求。

8.2 适用范围

重型组合索道可用于 35～1000kV 各种电压等级的输电线路物料运输，能满足单件质量大的物料在各种地形条件下的运输要求，特别适用于地形陡峭山区的物料运输施工。主要组合方式为：

（1）单跨多承载索循环式（往复式）索道运输施工效率高，操作相对简单，但是运输距离相对较短。适用于质量 20～50kN，跨度一般不大于 1000m 的点对点物料运输。

（2）多跨多承载索循环式（往复式）索道运输操作相对复杂，运输距离较远。适用于质量 20～50kN，中间支架一般不多于 7 个，每跨跨度一般不大于 600m，全长一般不大于 3000m 的远距离物料运输。

8.3　工艺原理

重型组合索道由发料场系统、绳索系统、两端支架系统、中间支架系统、牵引系统、锚固系统、卸料场系统组成。

索道运行小车安装在承载索上，确保运行小车运行平稳，改善承载索的受力情况，运行小车由一根封闭的牵引索牵引，空车辅以人工转换，实现运行小车的循环运输，拆卸安装方便，工作效率高，并具有较广的适用范围。

重型组合索道运输方式，可使用循环运输方式，即架设四根重车承载索和两根空车返回承载索的组合式索道，从而提高运输能力和效率。如图 8-1 所示。

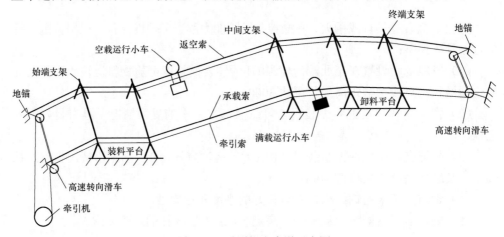

图 8-1　重型组合索道示意图

8.4　施工工艺流程

索道运输施工工艺流程如图 8-2 所示。

8.5　施工操作要点

8.5.1　现场准备

索道架设前要对线路路径及施工方案进行详细的调查分析，根据每基物料运输量和索道的运输能力确定运输路径，对索道装料平台、中转平台、卸料平台进行规划，尤其是在运输量集中，通道、平台位置有限的区域，应防止出现互相干扰的现象。

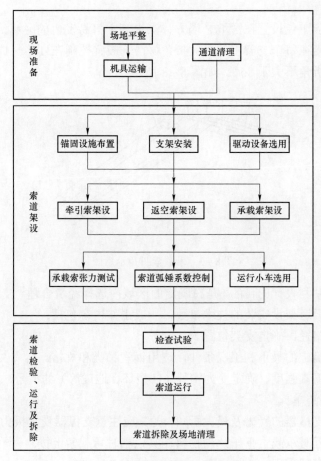

图 8-2 索道运输施工工艺流程图

索道路径选择的原则包括以下几个方面：

（1）装料点尽量靠近运输车辆能到达的位置。

（2）索道沿线应避免与电力线路、通信线、公路等交叉。

（3）相同条件下，尽量选取高差较小的路径。

（4）索道应尽量连续，减少周转，支架应尽量选取山包凸出位置设立。

（5）能利用线路通道搭设的尽量选取线路通道，以减少林木砍伐，植被破坏。

（6）索道装卸点应尽量靠近塔位，减少二次转运，同时应考虑到组塔时的场地布置，防止互相冲突；索道驱动装置宜设置在索道起点处。

（7）索道应尽量走直线，如有转角，转角应尽可能小。转角一般不大于 6°，最大不得超过 12°。单级索道的长度不大于 3000m。除跨越山谷等特殊情况外，单跨索道最大跨距不大于 1000m；多跨索道相邻支架间的最大跨距不大于 600m，弦倾角不大于 45°。

（8）索道应避免设置在滑坡、塌方、洪水等灾害易发生的区域。

（9）承载索在每个支架上的最大折角 α，一般宜控制在 11°～17°，大跨距两端支架的最大折角不大于 35°。如图 8-3 所示。

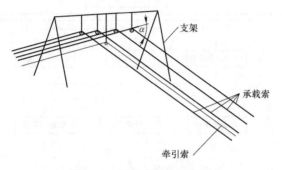

图 8-3　承载索折角示意图

索道路径勘测设计的目的，是在既定的区域内选择经济合理、技术可行的索道路径，并确定索道架设安装的技术参数，一般工作内容包括：

（1）选定路径，确定支架位置。

（2）根据确定的最不利工况条件，选用钢索种类和规格。

（3）校核钢索强度，确定受力构件（U 型环、地锚等）的型号、数量，并形成《索道机具设备清单》。

（4）校核支撑器的受力及最大折角，尤其应注意支撑器受上拔力的情况，即当物料在支架附近时承载索下压，当物料在其他档时承载索上拔。

（5）校核支架受力。

（6）校核被运送物料对地距离。

（7）绘制上、下料平台的平面布置图。

（8）计算运输能力。

平整两端料场及支架安装处场地，采用经纬仪等设备测量索道路径内影响索道运输的障碍物并予清理。

根据不同索道运输方式的平面布置及车辆运输路线要求，确定场地平整的范围，一般索道装、卸料场的平面布置图如图 8-4～图 8-6 所示。

场地平整及通道清理应遵守国家有关环境法规的要求，尽量减少对环境的破坏，包括进场道路修筑、装卸料场地平整、地锚坑开挖和施工便道的拓修等。场地平整一般应注意以下几点：

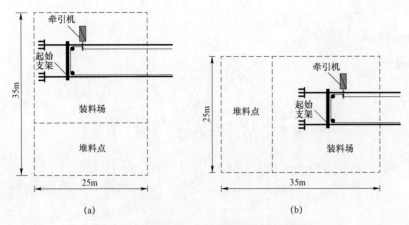

图 8-4 索道装、卸料场的平面布置图
（a）布置方式一；（b）布置方式二

图 8-5 索道装料场布置图

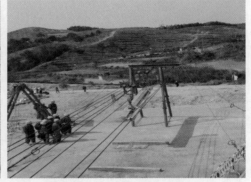

图 8-6 索道卸料场布置图

（1）尽量利用原有地形条件，因地制宜，减少土石方开挖量，避免对周边地形和植被造成损坏。

（2）确定地锚位置，应保证运行小车在承载索和返空索上行走时，互相偏摆后的最小距离不得小于 0.5m。

（3）物料装卸平台场地布置一般有两种型式。

1）场地较为平整的情况下，需要搭设始端或终端支架，现场布置如图 8-7所示。

2）场地受限的情况下，应充分利用原有的地形高差，不搭设支架，只在地锚出口处砌筑 1m 高的浆砌块石，形成物料装卸平台，如图 8-8～图 8-10 所示。

（4）对于独山梁，开方时应注意做好边坡治理、排水措施和临边安全防护措施，防止坍塌和水土流失。

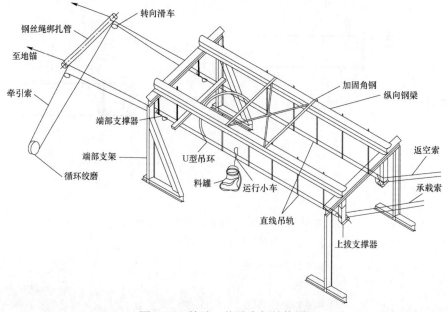

图 8-7 始端、终端支架结构图

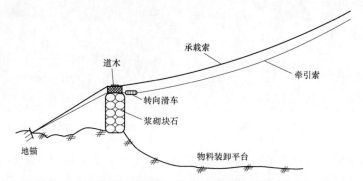

图 8-8 场地受限的情况下始、终端物料装卸平台示意图

图 8-9 始、终端物料装卸平台布置图

图 8-10 始、终端锚固设施布置图

（5）对于运输量集中、运输量大的物料平台，宜将平台通道进行硬化。

通道清理应注意以下几个方面：

（1）索道架设的初级引绳尽量采用飞行器进行展放，通道内不影响索道运行的树木不需清理，尽量减小对环境的影响。

（2）通道清理宽度按照承载索和返空索之间的距离两边各加 1m 确定。

（3）需要跨越公路时，必须提前和公路管理部门取得联系，并在跨越点搭设防护网架。

（4）通道清理前应在索道起终端修建人行便道。

（5）砍伐通道时，须派专人进行监护，提前判断树木倾倒方向，选择好人员撤离路线，防止倒树伤人，必要时应加以绳索控制。

8.5.2 索道架设

索道架设包括支架安装、牵引索架设、返空索架设、承载索架设、承载索张力测试、驱动设备选用、锚固设施布置、运行小车选用、索道弧锤系数控制、系统调试、检查试验等环节。

1. 支架安装

重型组合索道支架一般分为钢管式支架和格构式支架两种，采用法兰连接，每节质量不大于 30kg，最大长度不大于 2m。单柱支架和人字型支架应设置支架拉线加以固定。

（1）索道支架高度在满足运输安全距离的情况下应尽量降低，钢管式支架和格构式支架高度一般控制在 3～6m。

（2）在地面将支架腿连接到设计高度，支架高度在 3m 以下时一般采用人力组立，高度超过 3m 的支架应利用抱杆进行组装。支架腿应安放在平整、坚实的地面上，组装过程中应用拉线临时固定，防止支架倾倒。

（3）支架支腿组立好后，进行横梁安装。安装过程中应确保各部件连接牢固、可靠。索道支架结构示意图如图 8-11 所示。

（4）索道支架拉线对地夹角不大于 45°，并用紧线器调紧，两侧拉线受力应基本相等。

（5）依照设计安装支撑器。索道设计时，应统一明确每条索道支撑器的方向，防止支撑器方向混乱，造成运行小车方向不统一。

（6）装、卸场支架锚固方式如图 8-12 所示。在支架的两侧各打设两根八字形固定拉线，拉线采用 ϕ15 钢丝绳并用 5t 链条葫芦进行调节。装、卸场支架拉线对地夹角应满足现场布置及安全设计要求，拉线对地夹角控制在 ≤30° 为宜。

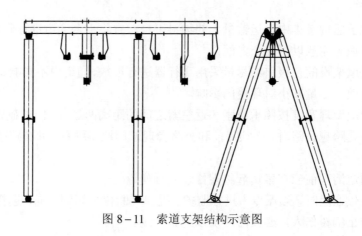

图 8-11　索道支架结构示意图

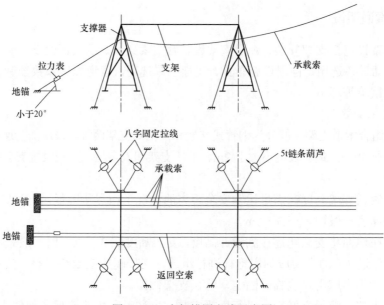

图 8-12　支架锚固方式示意图

（7）中间支架锚固方式。在支架的 45°方向各打设 4 根稳定拉线。拉线采用 φ13
钢丝绳并用 3t 双钩调节，索道支架拉线对地夹角应满足现场布置及安全设计要求，
拉线对地夹角控制在≤30°为宜。

2. 牵引索架设

牵引索的展放可以分为人力展放或飞行器展放两种方式。一般在植被较差、地
形起伏较小、不跨越江河或深沟的情况下，可利用人力直接展放。地形复杂时可采
用飞行器展放，展放时采用飞行器沿索道通道展放一根轻质引绳，然后再用机械牵
引的方法逐级过渡成牵引索。

在支架上悬挂直线滑车,在终端安装两个转向滑车,将牵引索放入转向滑车内,在起始端用钢丝绳卡头将一端临时锚固于地锚上,另一端缠上绞磨,将牵引索收紧至适当张力后(牵引索的弧锤系数可取承载索弧锤系数的 1.5 倍),在起始端将牵引索绳头通过转向滑车,并按照要求的圈数将绳头缠绕在驱动装置的滚筒上,最后将两个绳头插接或编接成循环牵引索。

在转向滑车和地锚之间设置可调式装置,以便随时调整牵引索的松紧度。

用机械牵引钢绳时,钢丝绳应用制动器或其他带有张力控制的装置进行张力展放,严禁用人力控制直接放出,防止绳盘失控伤人。经过制动器松绳时,钢丝绳在制动器上缠绕 5 圈以上,尾绳必须由专人控制,且不能少于 2 人。

3. 返空索架设

架设返空索时,可借用牵引索,通过牵引机(绞磨)牵引返空索,如图 8-13所示。

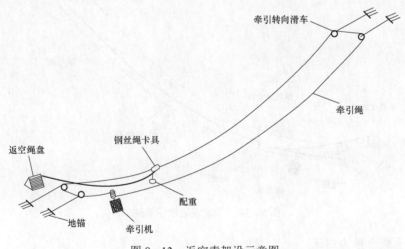

图 8-13 返空索架设示意图

(1)在起始端用钢丝绳卡头把返空索绳头和牵引索固定,同时应对固定处的返空索加装配重,防止两绳互相缠绕。

(2)在起始端将返空索缠绕在制动器上,用牵引机(绞磨)慢速牵引。

(3)当返空索绳头接近中间支架时,派人将钢丝绳卡送过滑轮,并将返空索置入另一个滑车。

(4)将返空索拉到终端后,用 U 型环将返空索与地锚连接,在每基支架上将返空索从滑车中卸出,移入支撑器。

(5)在起始端用钢丝绳卡线器和绞磨、葫芦配合,将返空索调紧至设计要求张力,并将绳头锚于地锚上。

4. 承载索架设

（1）返空索安装好后，返空索和牵引索已构成一个简易的索道，可将运行小车挂在返空索上，在运行小车上挂上承载索。用制动器控制，把承载索牵引到终端，在各支架上将其归位到支撑器上。

（2）在终端将承载索与地锚连接固定。

（3）在起始端用钢丝绳卡线器和绞磨、葫芦配合，将承载索调紧至设计要求张力，并将绳头锚于地锚上。

（4）承载索一端应设置可调张紧装置。

承载索架设示意图如图 8-14 所示。

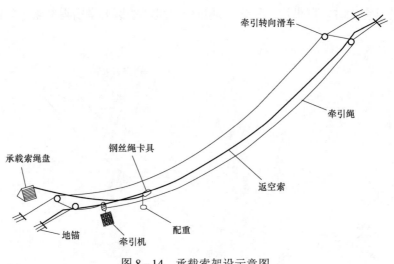

图 8-14 承载索架设示意图

5. 承载索张力测试

索道承载索架设完毕后，必须对其张力进行检测，以测定其张力是否达到设计要求，常用测定方法有拉力表直接测试法和振动波法。

（1）拉力表直接测试法。该方法简单直观，即用拉力表、葫芦和钢丝绳卡具配合，在承载索锚固点将索具受力转移到拉力表上，可以直接读出承载索的张力大小。

（2）振动波法。对以一定的张力 T 架设在两个锚固点的钢丝绳，可看成是一条完全弹性体的弦线，如果被敲击而产生振动时，该振动波则沿着弦线传播，此时弦线的张力 T 与波的传递速度 V 之间的关系，按振动学原理有

$$T = \rho v^2 \tag{8-1}$$

式中　ρ——钢丝绳的密度，$\rho=q/g$；

　　　q——钢丝绳的单位长度重力；

　　　g——重力加速度；

　　　v——振动波的传递速度。

振动波法的检测方法是：在架空钢丝绳的一个支点附近用木棍或木锤用力敲击，由钢丝绳引起的振动向另一端传出，当遇到障碍物后又反传回来。该波一直逐渐衰减消失为止，多次往返该区间内。如图 8–15 所示。

利用秒表测定振动波在该区间往返 5～10 次所需的时间，然后求出往返一次所需要的时间 t，即可计算出实际传播速度 v。

$$V=\frac{2L}{t}\approx\frac{2l}{t}\qquad(8-2)$$

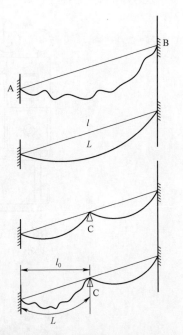

图 8–15　架空钢丝绳振动波传播示意图
l_0—该区间的绝对距离（m）

式中　L——该区间的钢丝绳长度，m；

　　　l——该区间的弦线长度，m；

　　　t——振动波一次往返所需时间，s。

由此，可得出钢丝绳张力的实用计算公式为

$$T=\rho v^2=\frac{qv^2}{g}=0.102v^2\approx0.408\frac{l^2}{t^2}\qquad(8-3)$$

6. 驱动设备选用

目前线路施工常用的索道驱动装置有汽车后桥式牵引机、双滚筒机动绞磨、张力放线牵引机等。汽车后桥式牵引机具有结构简单、装拆和搬运方便、运行速度快、造价低等优点，常用于运输量较小的索道运输。双滚筒机动绞磨因转速较低、运行缓慢，常用于运输量较小的单跨往复式简易索道运输。张力放线牵引机具有牵张力较大、价格昂贵等特点，常用于 50kN 级重型索道运输。

（1）汽车后桥式牵引机。

1）汽车后桥式牵引机的组装。

汽车后桥式牵引机由发动机、变速箱和传动装置组成，现场组装工艺和组装后的磨合工作尤为重要，该机现场组装如图 8–16、图 8–17 所示。

汽车后桥式牵引机在组装过程中，连接螺栓应从传动装置开始进行固定和微调，依次是变速箱调整，最后是发动机调整。安装完后应进行试运转，运装过程中应仔细观察，发现问题及时调整，确认无误后方可就位。

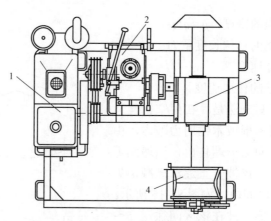

图 8-16 汽车后桥式牵引机示意图

1—柴油机；2—变速箱；3—汽车后桥；4—磨盘

图 8-17 汽车后桥式牵引机实物图

2）汽车后桥式牵引机的就位。

就位时应在牵引机下方垫以枕木，并进行水平校正，将机架四角利用 $\phi17.5\text{mm}$ 钢丝绳固定于地锚上，用紧绳器调整牵引机位置，锚固钢丝绳与机架中心线夹角不大于 30°。牵引机固定示意图如图 8-18 所示。

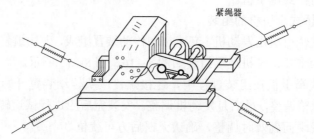

图 8-18 牵引机固定示意图

牵引索卷入卷筒时,其导入方向应与卷筒轴垂直,使钢丝绳顺序地缠绕于牵引机卷筒上。

安装完毕后,起动发动机进行空载30min试验,然后操作离合器带动滚筒运转,试运过程中应注意检查各部位有无异常现象,及时进行调整。

3)后桥式牵引机的磨合。

磨合前,应检查各部位连接螺栓是否紧固到位、发动机系统燃油、润滑油、冷却水是否正常,机器运转时是否有异常响声等。

磨合分为无负荷磨合和带负荷磨合。无负荷磨合即为将牵引机在各档位进行无负荷空转约30min;带负荷磨合即为在各档位分别进行1/3和2/3的额定负荷下各进行3h的运行。牵引机磨合应注意速度由低到高,观察发动机、传动系统运转情况,观察离合器和制动是否可靠灵活。牵引机磨合后,必须进行清洗、换油、保养和调整。

(2)双滚筒机动绞磨。适用钢丝绳最大直径为8～18mm,最大持续牵引力(kN)/牵引速度(km/h)为70/2.2,最大牵引速度(km/h)/牵引力(kN)为5/30。

图8-19　双滚筒机动绞磨实物图

(3)张力放线牵引机。据牵引索牵引力计算,货运索道系统最大的牵引力为$F=60\text{kN}$,根据GB 50127,货运索道的最快运输速度为0～40m/min,索道满载速度为30m/min,功率效率系数$K=1.2$。

那么整个索道的牵引功率为

$$N=FVK$$
$$=60\ 000\text{N}\times0.5\text{m/s}\times1.2$$
$$=36\ 000\text{N}\cdot\text{m/s}$$
$$=35.29\text{kW}（1\text{kW}=1020\text{N}\cdot\text{m/s}）$$

山区作业时牵引动力可采用集动力、变速、制动为一体的 SDT5000 牵引机，如图 8-20 所示。相关技术参数为：发动机 40kW；机械变速系统为 6 级 + 正反向；制动系统制动力矩 20kV·m；牵引轮 370mm；最大牵引速度 100m/min；最大牵引力 60kN。

7. 锚固设施布置

地锚是索道系统的重要组成部分，地锚埋设的好坏将直接影响到索道运行的安全。索道系统地锚一般有钢板式地锚和立式桩地锚。

钢板式地锚为定型加工，使用方便，现场经常使用。其埋设方法如图 8-21 所示。

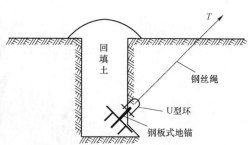

图 8-20　张力放线牵引机实物图　　　图 8-21　钢板式地锚埋设示意图

立式桩地锚是以原木或型钢垂直或斜向打入地中，依靠土壤对桩体的嵌固和稳定作用，使其承受一定的拉力。这种锚固方式承受的拉力小，常采取双联、三联或多联的形式。

地锚埋设要求有以下几个方面：

（1）地锚坑的位置应避开不良的地理条件（如受力侧前方有陡坎及松软地质），地锚坑开挖深度满足要求，地锚必须开挖马道，马道宽度应以能放置钢丝绳（拉棒）为宜，不应太宽。马道坡度应与受力方向一致，马道与地面的夹角不大于 45°。

（2）地锚坑的坑底受力侧应掏挖小槽（卧牛槽），地锚入坑后两头要保持水平。

（3）地锚坑的回填土必须分层夯实，回填高度应高出原地面 200mm，同时要在表面做好防雨水措施。

（4）如果索道使用时间较长或者处于潮湿地带，应对地锚的钢丝绳套做好防腐蚀措施。

（5）钢丝绳套和地锚连接必须采用卸扣进行连接，严禁钢丝绳套缠绕连接。

（6）地锚埋设时，必须有施工负责人和安全员在场进行旁站监督，并填写《地锚埋设签证单》。

8. 运行小车选用

运行小车考虑承载力为 50kN，上部安装 8 个行走轮，使运行小车能在承载索上移动。中部是钳口装置，使车体与牵引索既能牢固连接，又能快速脱离。下部是吊钩环，配合葫芦，用来悬挂、提升、装卸、运送的货物或料罐。由于运行小车需要通过支撑鞍座，所以运行小车本体形状、钳口尺寸等设计均与鞍座和牵引索直径相匹配。运行小车示意及实物图如图 8-22 所示。

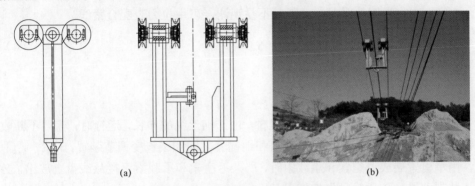

(a)   (b)

图 8-22　运行小车示意及实物图

(a) 示意图；(b) 实物图

使用时必须认真检查牵引索是否进入钳口，钳口的螺栓是否拧紧，如钳口握力不够，在牵引过程中牵引索在钳口内打滑，影响牵引。一旦发生钳口与牵引索打滑或脱离，运行小车连同所载货物将从高处往低处下滑，可能产生严重后果。重型组合索道运行如图 8-23 所示。

图 8-23　重型组合索道运行情况图

1—四根组合货运承载索；2—二根组合返空承载索；3—循环牵引索；4—运行小车；

5—索道中间支架；6—物料（成捆塔材）

9. 索道弧锤系数控制

收紧钢丝绳时，要控制承载索、返空索、牵引索无荷载时最大档（控制档）弧垂系数 S_0。当 S_0 较小时，钢丝绳拉的较紧，张力大，易被拉断，但运行小车移动时冲击较小，且较容易通过支撑器，在荷载作用点上钢丝绳弯曲小，钢丝绳不易疲劳；当 S_0 较大时，情况恰好相反。因此，S_0 的数值过大或过小均不合适。根据经验，线路施工用索道推荐取承载索无荷载最大档的弧垂系数 $S_0 \approx 0.05$。返空索的弧垂系数一般取与承载索相同的弧垂系数，而牵引索的弧垂系数可取承载索弧垂系数的 1.5 倍。在收紧钢丝绳时，如弧垂不易观测，可用拉力表配合紧线。

$$S_0 = \frac{f_0}{l_0} \tag{8-4}$$

式中 f_0——控制中点处的弧垂；

  l_0——该档档距。

采用钢丝绳作为承载索和返空索时，由于钢丝绳的伸长，运行时，需要不断收紧钢丝绳，为便于操作，可在承载索和地锚套之间加装长度调节装置。

用牵引索展放返空索和承载索时，严禁返空索和承载索直接从线盘上放出，必须加装制动器，防止线盘失控伤人。

施工时，须防止钢丝绳扭结，影响钢丝绳的使用寿命。展放钢丝绳时，钢丝绳应用绳盘和摇篮架（坐地式放线盘）配合使用，严禁直接将钢丝绳从绳盘上解圈。

8.5.3　索道检验、运行及拆除

1. 索道检验

索道架设或长时间停用后，在运行前应进行相关的检查、验收，从而保证索道设备的运行安全。

索道在每天运行前应认真做好以下检查：

（1）检查牵引机冷却水、燃油量是否充足，润滑油油位是否正常。

（2）检查卷筒和制动器的操纵机构是否可靠灵活，各连接件是否牢固。

（3）检查各支架是否稳定牢靠，各支撑器状态是否良好，各工作索地锚是否可靠。

（4）检查各运行小车转动是否灵活，强度是否满足运输需求。

（5）每天应做好检查、运行记录。

索道试验包含空载试验和负荷试验。试验过程中，应做好地锚的监测，以防止拔出。

（1）空载试验。从端站或中间站各发一辆空车，由慢速至额定速度进行通过性检查，不得有任何阻碍。

（2）负荷试验。进行高速 50%负荷、中速 80%负荷、额定速度 100%额定负荷载荷试验，每次试验完成后对整个索道线路与结构零部件进行检查，确认无异常后进行慢速 110%超载试验。每次试验均为一次循环，每次试验时，至少进行一次制动试验。循环式索道启、制动时间不大于 6s，往复式索道启、制动时间不大于 10s。索道额定载荷运行时，承载索安全系数不大于 2.6。

试验过程中，行走小车应行走自如，不得出现脱索、滑索现象。

试验完成后，索道所有部件无可见裂纹或超过设计许可的变形，地锚不得有任何松动迹象。

试验应重点检查以下内容：

（1）检查牵引机安装情况。

（2）检查索道沿线是否有物料对障碍物距离不够的情况。

（3）检查物料通过索道沿线是否顺畅，有无钩挂树木及在个别凸起的地点有无落地现象。

（4）物料通过支架承托器是否顺畅。

（5）各支架的稳固情况、转向滑车运转是否灵活、地锚埋设是否牢固。

（6）试运行期间要派专人在每个支架旁进行监控。试运行完毕后，应对承载索、牵引索、拉线再次进行调整，检查合格后方可进行正常运输。

2. 索道运行及维护

物料的盛装方式应根据物料的特性进行选择。输电线路施工用的砂、石、水泥等散骨料宜采用料斗运输，铁塔塔材及基础钢筋等宜采用打捆包装运输，玻璃及瓷质绝缘子宜采用原包装运输，合成绝缘子宜采用原包装补强后钩挂运输，金具材料宜采用地面组装后成串或分段运输。

砂、石等散骨料的装卸宜选用翻转式料斗或底卸式货车运输，货车及料斗的有效容积利用系数宜取 0.9～1.0；当运输黏结性物料时，宜选用底卸式货车，货车的有效容积利用系数宜取 0.8～0.9。单轮运行小车的承载力不大于 300kg，货运料斗的容积一般取 0.2～0.3m³，每斗砂、石质量为 250～300kg，运行小车悬挂示意图如图 8-24 所示。

运行小车间距布置应满足

$$L' \geqslant L\sqrt{\frac{Q}{k \times q}} \qquad (8-5)$$

式中　L'——运行小车间距；

　　　L——该级索道最大档相邻支架间距；

　　　Q——索道载重级别；

q——单个货运料斗载质量；

k——料斗的有效容积利用系数。

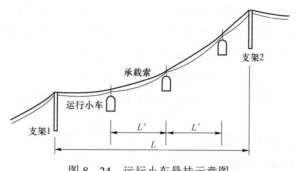

图 8-24　运行小车悬挂示意图

运输货车或料斗均应有防洒落措施。上料端应配备充足的料斗，提前装料。卸料端应配备人力手推车，及时将到位的物料进行转运并集中堆放。物料卸载完毕及时将拆卸的运输小车及空闲料斗通过返空索送至装料场。

水泥等袋装物料可采用多挂点运输。运输筐的载质量一般应控制在 600kg 以内，采用两套运输小车悬挂。

基础钢筋及塔材等细长物料运输应进行打捆包装，采用多吊点方式运输，一般采用两个吊点。如图 8-25 所示。

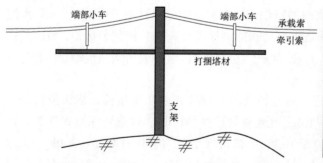

图 8-25　塔材运输图

基础钢筋或铁塔材料在包装过程中，应按照规划的索道运输载质量的不同等级进行打捆包装，减少或避免物料的拆包和二次打捆现象。

角钢塔单件塔材质量一般为 500～1500kg；钢管塔单件塔材质量一般为 2000～5000kg，由于单件质量较大，在平台上用人力装卸效率较低，安全风险较大，应在物料装卸平台设置简易的吊装设备或配置吊车。

合成绝缘子、玻璃或瓷质绝缘子及架线金具的装卸应满足：

（1）合成绝缘子搬运应严格按照生产厂家标志的抬运点进行，搬运及装卸均采用人工。合成绝缘子应采用木质抱杆或钢管进行补强后方可运输。

（2）玻璃或瓷质绝缘子可以采用不打开原包装的情况下，利用铁丝或专用绑扎带将两筐或更多筐绑扎后进行运输。

（3）对于架线金具可以采用分种类或型号在原包装箱中运输，或进行组装后成串或分段运输。

现场通信联络应满足以下几个方面：

（1）在索道集中的区域，应提前对各索道进行编号，对每条索道通信频道进行分配，防止互相干扰。

（2）索道运行时，应保证通信联络畅通，信号传递及时。

（3）机械操作人员及值守人员均应配备通信设备。

（4）当物料离终点约 10m 时，应及时通知牵引机减速，并连续向操作人员报告物料的所在位置，直到最合适的位置时，通知停机卸料。

物料装卸注意事项包括以下几个方面：

（1）运输前应将料斗或物料捆绑牢固。

（2）为提高运输效率，可调整装货间距，以便装、卸料同时进行。

（3）应特别注意牵引索是否正确卡入运行小车的钳口，钳口螺栓是否紧固牢靠。

（4）由于运行小车钳口螺栓频繁松紧，容易滑丝，使用时应经常对钳口进行检查，定期更换。

（5）装卸物料时，应轻装轻卸。用钢丝绳绑扎物料时，应衬垫软物。绝缘子等材料在运输中严禁拆除原包装。

（6）在装卸场，材料须堆放有序，严禁乱堆乱放；物料运到相应位置后，必须及时将物料转移至平坦场地，整齐堆放，严禁堆放在悬崖或陡坡旁，严禁堆放在索道附近。

牵引机停机后的工作有以下几个方面：

（1）工作结束后，应使变速箱、齿轮箱均处于空挡位置。

（2）将卷筒离合器放在分离位置，制动器放在制动位置并固定。

（3）在环境温度低于 0℃时应将水箱的水放尽。

（4）每天收工后应用篷布将机械遮盖好。

为了保证索道运行过程正常进行，同时延长设备使用寿命，提高各类工作索的周转次数，对索道进行检查和定期维护保养十分重要。

（1）定期保养。索道应进行定期保养，充分提高索道运输的安全可靠性。定期保养内容见表 8-1。

表 8-1 索道定期保养内容一览表

设备		保养内容	周期	方法
绞盘机	变速箱	更换润滑油，冬季用 20 号齿轮油或 10 号机油，夏季用 30 号齿轮或机油	100h	注入油池
	卷筒	轴承润滑	每周一次	油枪
	杠杆操纵机构	销、轴、滑动轴承或杆销活动部分润滑：黄油或 6~10 号机油	每周一次	油枪、油嘴
	发动机	按照使用说明书要求进行		
支架		检查支架拉线的松紧度、支架连接的可靠性及整体支架的稳定性	每周一次	每基查看
跑车即滑轮		各轴承润滑：黄油或钙基润滑油	每周一次	油枪
钢索		表面涂油及索芯浸油	每周一次	涂油、浸油
拉线		调整拉力	100h	
工作索		外观检查，是否有断股、磨损情况	100h	
卡线钳		外光检查，是否有滑丝	100h	

（2）每日保养。每日将驱动装置外表擦抹干净；检查外部所有的紧固件是否松动，并及时拧紧；检查钢丝绳各固结部分的索具是否牢固；检查牵引机的操作系统工作状况及其可靠性。

（3）特殊环境保养。在冬季覆冰严重的区段，索道工作索可能因积雪或覆冰严重被压断。施工间歇，应将索道承载索进行放松处理。在冬季施工间隙，应定期对工作索上的积雪或覆冰进行震动清除，防止发生工作索断绳事故。

3. 索道拆除及场地清理

（1）当有多级索道时，必须先拆除上一级索道，再拆除下一级索道，逐级拆除。

（2）如牵引机安装在高处时，应在山上平台拆除前，先拆运高处牵引机，并在低处安装一台绞磨，将牵引机用索道运至低处。

（3）承载索和返空索的拆除。在起始端先利用葫芦拆除承载索、返空索与地锚的连接，将葫芦慢慢松出，在钢丝绳张力减小后，将钢丝绳与绞磨连接，再在终端用葫芦将钢丝绳松出，用尼龙绳控制将钢丝绳松至全线落地无力后，在起始端用绞磨机将钢丝绳抽回盘好。

（4）牵引索的拆除。将牵引索的插接处用牵引机转至牵引机附近，利用葫芦和卡线器收紧，使接头处不受力后，在原插接处将牵引索切断，用葫芦慢慢放松牵引索（葫芦行程不够时，可改用绞磨），待牵引索不受张力后拆下卡线器，用牵引机将牵引索收回盘好。拆除索道时，严禁在不松张力的情况下，直接将绳索剪断。

（5）塔架拆除。先拆除塔架上的索道附件，再按照如下顺序进行塔架拆除：

1）检查塔架立柱拉线是否牢固和稳定，有松弛现象的应进行调节。

2）利用木抱杆对塔架横梁进行吊装拆除。

3）对塔架立柱逐个进行拆除。拆除时应用大绳或拉线控制缓慢放倒，严禁随意推倒。

4）对索道设备及工器具进行回收和转运。

（6）地锚拆除。先挖去地锚坑内的回填土，再将地锚拽出。严禁利用起吊设备或工具在不铲除坑内回填土的情况下，将地锚整体吊出，损坏地锚结构和使用寿命。地锚撤离后，应按照基坑回填的要求对地锚坑进行回填夯实。

（7）现场清理及植被恢复。对运输现场的起始点场地、终点场地及各塔架位置进行清理，并对现场地形、地貌进行恢复。

8.6　人员组织

索道运输班组的人员应根据索道线路的长度、地形复杂程度、运输工作量以及作业内容等情况配置。

施工前，应按照要求对全体施工人员进行安全技术交底，交底要有记录，签字齐全。特殊作业人员必须经过安全技术培训、考试，合格后方可上岗。

索道运输人员组织表见表 8-2。

表 8-2　　　　　　　　　　　索道运输人员组织表

序号	岗位	数量	职责划分
1	工作负责人	1	负责索道运输全面工作，包括现场组织、工器具调配、物料转运进场及地方关系协调等工作
2	现场指挥	1	负责本级索道运输的组织、现场劳动力协调、现场指挥等工作
3	牵引机操作手	1	负责本级索道的机械操作、维护等工作
4	材料管理员	2	负责本级索道上、下点的材料收料、清点、登记和分类堆放等工作
5	装卸工安全监护人员	18～30	负责本级索道各架设点的安全监护，以及上下材料点的打捆、配重、上料、卸料、搬运、堆放等工作。砂、石、水泥装卸各 2 名，钢筋装卸 3 名，塔材装卸 6 名
6	安全员	2	负责运输现场的安全监护和检查
7	测量维护员	1	负责索道的定位架设及运行维护工作
8	其他	1～2	在现场条件允许时，运用吊机、叉车等机械设备提高功效

8.7 材料与设备

8.7.1 设备配置

按 1km 长索道配置，重型组合索道机具设备配置表见表 8-3。

表 8-3　　重型组合索道机具设备配置表（按 1km 长索道配置）

序号	名称	规格	单位	数量	备注
1	单开口	5t	只	10	
2	小牵	7t	台	1	配 1 名操作手
3	机动绞磨	3t	台	1	
4	拉力器	16t	只	8	
5	铁桩	1.5m	根	120	
6	撬棍	1.8m	根	3	
7	木杠		根	40	
8	吊带	5t×3m	根	2	
9	链条葫芦	10t	只	8	
10	链条葫芦	5t	只	10	
11	链条葫芦	3t	只	6	
12	双钩	3t	只	30	
13	卸扣	4t	只	60	
14	卸扣	6.3t	只	40	
15	卸扣	15t	只	30	
16	抗弯连接器	5t	只	2	
17	钢丝绳头	$\phi 19.5×1000m$	根	4	两端插头
18	钢丝绳头	$\phi 15×1000m$	根	2	两端插头
19	钢丝绳	$\phi 13×250m$	根	1	1 根两端插头
20	钢丝绳	$\square 20×1000m$	根	2	
21	钢绳套	$\phi 22×4m$	根	20	
22	钢绳套	$\phi 13\sim\phi 15$	根	60	
23	帆布		块	2	
24	地锚	16t	只	30	配地锚套和卸扣
25	道木	200mm×200mm×1000mm	根	30	

序号	名称	规格	单位	数量	备注
26	道木	200mm × 200mm × 680mm	根	20	
27	麻袋片		只	10	
28	索道支架		套	8	
29	垫片		只	10	
30	钢卷尺	5m	把	1	
31	围栏		m	200	配标杆 40 根
32	彩旗		面	100	
33	报话机		台	8	

8.7.2　工作索的使用与管理

工作索的使用期限及其工作安全性、可靠性,很大程度上与工作索的使用与管理密切相关。因此,在索道运输过程中应高度重视,减少不必要的损坏,充分提高使用效率,降低工程成本。

1. 工作索的搬运

整盘及质量在 700kg 以下的卷筒工作索的运输,在水平放置的情况下可堆放若干层,质量在 700kg 以上的工作索卷筒应竖直运输。

装卸工作索木卷筒时,应尽量采用吊车装卸。无吊车时,应利用滚杠和大绳缓慢松放,不得从车上随意推下。

2. 工作索的解卷

在绳盘上或卷筒上解卷工作索时,必须避免造成工作索打结。因此,只有将卷筒或绳盘置于垂直或转动,才能正确地将工作索解卷。如图 8-26 所示。

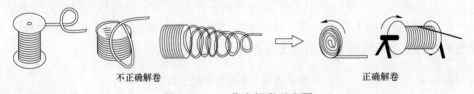

不正确解卷　　　　　　　　　　　　　　　　正确解卷

图 8-26　工作索解卷示意图

3. 工作索的保养

工作索在使用和储存过程中,应进行良好的保养,其中工作索的润滑是最主要的措施。工作索的润滑剂不得含有对工作索材料有腐蚀的物质,且应具有适宜的浓度,使其有较大的附着力。目前,常用的工作索润滑方法有以下 3 种:

（1）涂油法。涂油前，应先将工作索浸入煤油内，洗去油污并刷净铁锈。如果是运行着的工作索，可将润滑剂直接涂在卷筒或滑轮的工作索上，使其运动的过程中得到润滑。承载索的润滑，可将润滑剂包束在承载索的一端，然后由跑车拖带而达到涂油的目的。

（2）浇注法。浇注法是将润滑剂加热到 60～70℃，然后直接浇注在洗刷过的钢丝绳上，一般用于大直径或成捆的工作索润滑。浇注承载索时可用稀释后的润滑剂，装在特制的注油器内，由跑车拖动沿承载索浇注润滑。

（3）油浸法。油浸法即把洗刷后的工作索浸泡在加热的润滑油中，浸油时间一般为 10～20h,使润滑剂有充分的时间浸入索芯，对于大直径的工作索可分段油浸。

4. 工作索的磨损与报废

经过长期使用后，工作索将会出现磨损、变形、断丝和疲劳等现象，随着使用时间的增长，这些情况也越来越严重，直至失去使用能力而报废。

（1）断丝。断丝分为表面断丝和内部断丝。表面断丝时刺短，内部断丝时刺长，并穿露在丝外。断丝一般是由超拉力、挤压、冲击、磨损及弯曲疲劳等因素所引起。工作索的弯曲疲劳是其断丝的主要因素。

（2）磨损。磨损有外部磨损、内部磨损和变形磨损。外部磨损是发生在工作索表面的磨损。内部磨损主要是由于工作索的反复弯曲造成。变形磨损是工作索被敲打或受强压力后钢丝产生的塑性变形。工作索由于磨损减少了其有效断面，从而降低了其抗拉能力。

（3）扭结。具有弹性的工作索在拧紧或松弛时产生扭结。扭结时的工作索即使恢复到原来状态，其破断强度也将下降。所以，在使用时应尽量防止工作索扭结。

（4）腐蚀。腐蚀主要是由化学元素的侵蚀，使工作索表面出现氧化锈斑，腐蚀后由于有效金属断面的减少降低了工作索的强度。

（5）报废。为了确保施工作业的安全，工作索磨损达到一定程度后就不应继续使用，具体报废的标准应根据工作索的使用条件及强度安全系数来确定。一般为：

1）对于交互捻工作索，在一个节距内的断丝数不得超过 10%。钢丝绳每一节距允许断丝数，钢丝绳每一节距允许断丝数见表 8-4。

表 8-4　　　　　　　　　钢丝绳每一节距允许断丝数

安全系数	6×19		6×37		6×61、18×19	
	交捻	顺捻	交捻	顺捻	交捻	顺捻
≤6	12	6	22	11	36	18
6～7	14	7	26	13	38	19
≥7	16	8	30	15	40	20

2）磨损和腐蚀。虽无断丝，但磨损和腐蚀达到或超过表面钢丝直径的 40%，或工作索直径减少 10%；出现断丝，工作索直径减少 7%的。

3）有一根整绳股折断的。

4）在使用过程中断丝数目迅速增加的。

5. 工作索的连接

工作索由于受到制造和搬运条件的限制，其长度是有限的。为了满足使用要求，必须在现场进行连接。在线路施工中工作索的连接主要采用插接法。如果采用钢绞线作为承载索，应采用液压进行连接。插接方法有长接法和短接法两种。

（1）长接法。长接法也称不变直径插接法。它是将接头部分（一般是取 $400\sim500d$，d 为钢丝绳直径）的钢丝绳打开，切去其纤维芯，并将绳股每隔一股切掉，然后再把留下的一半按原来的捻向编插捻合起来，一边捻合，另一边往钢丝绳内部互相插入以代替索芯，其接头长度为 $800\sim1000d$。

（2）短接法。短接法也称为变直径插接法。是在钢丝绳破头后切去麻芯，将绳股相对交叉排列，并穿插到对方未打散部分的绳股中间去的一种连接方法。接头长度不小于 $100d$，其接头处直径约为为 $2d$。

6. 工作索端部固定

在使用钢丝绳时，必须将钢丝绳末端与其他结构牢固地连接起来。在架空索道中，卡接法是一种常见的固定方法。在使用钢绳卡时，必须将绳卡的压板与主索相贴，U 型螺栓夹住短头部分（钢丝绳的折回部分），以免主索受到损伤，如图 8-27 所示。

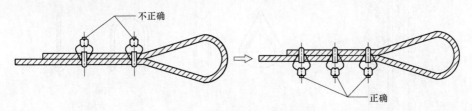

图 8-27   钢丝绳卡固定图

卡接绳卡时，各个绳卡受力应均匀，防止单个绳卡受力过大出现断裂的危险。绳卡的使用数量与钢丝绳拉力的关系，根据实验结果有

$$i = \sqrt{TC} \qquad (8-6)$$

式中 i——表示所需绳卡的数量，个；

　　　　T——钢丝绳拉力，t；

　　　　C——绳卡数量选定系数，取值见表 8-5。

表 8－5   绳卡数量选定系数 C 的取值

钢丝绳直径（mm）	3.8～10	10.5～18.5	19～28.5	30～36.5
C	1.35	1.00	0.82	0.72

绳卡的牢固性除了与绳卡的数量直接相关外，还与两个绳卡之间的距离有关，绳卡的间距一般为 7～8d。可按表 8－6 中数量和间距选取。

表 8－6   绳卡数量及间距对应表

钢丝绳直径（mm）	8	10	12	15	20	22	25	28	32	40	45
绳卡规格	Y－8	Y－0	Y－12	Y－15	Y－20	Y－22	Y－25	Y－28	Y－32	Y－40	Y－45
绳卡数量（个）	3	3	3	3	4	4	4	5	5	6	6
绳卡间距（mm）	80	80	80	80	150	150	150	200	200	300	300

绳夹板固定一般用于承载索的张紧端，绳夹板由 2 块中间有槽的钢板组成，通过 10～20 个螺栓拧紧将钢丝绳夹住。如图 8－28 所示。

关于其他索具，套环（三角圈、鸡心环）为一般装置在钢丝绳端头作固定连接用的附件，其作用是为了避免钢丝绳弯曲部分产生死弯。卸扣是装在钢丝绳与附件之间，作为连接用的一种附件，常用的规格有 30、50、100、160kN。紧索器（法兰螺栓）用来拉紧钢丝绳，并起调节松紧作用。如图 8－29 所示。

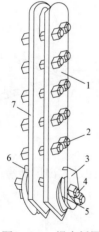

图 8－28   绳夹板图

1—上夹板；2、4—螺栓；3、6—耳板；

5—滑轮；7—下夹板

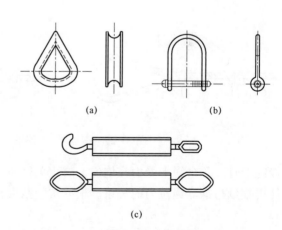

（a）   （b）

（c）

图 8－29   索具图

（a）套环；（b）卸扣；（c）法兰螺丝

7. 工作索使用注意事项

为了延长工作索的使用寿命，在工作索使用上应注意以下事项：

（1）用于工作索导向的滑轮，安装位置必须正确，转动应灵活，以减少索与轮的磨损。

（2）应尽量避免工作索反复弯曲，以减少因疲劳而断丝。

（3）缠绕工作索的卷筒和滑轮直径应符合

$$D \geqslant d(e-1) \tag{8-7}$$

式中　*D*——卷筒或滑轮的直径，mm；

　　　d——工作索直径，mm；

　　　e——工作类型系数，缠绕卷筒 $e \geqslant 20$，摩擦卷筒 $e \geqslant 30$，滑轮 $e \geqslant 16 \sim 20$。

（4）运动中的工作索，不得直接与地面、岩石、金属及其他硬质材料长期摩擦，因此必须有良好的导向装置和托索装置。

（5）工作索缠绕到卷筒上必须按顺序分层排列，不得交错、相互挤压。

8.8　质量控制

1. 工程质量执行标准

符合 GB 12141《货运架空索道安全规范》、GB 50127、DL 5009.2、Q/GDW 351《架空输电线路钢管塔运输施工工艺导则》、Q/GDW 1418《架空输电线路施工专用货运索道施工工艺导则》等国家标准或国家有关部门颁布的设计标准、技术规程、技术规范、质量评定标准和安全技术操作规程。

2. 质量保证措施

（1）牵引索和承载索选择合适，其拉力应匹配，使牵引索的悬垂曲线和重货车在大跨度中的运动轨迹接近，从而使牵引索对货车作用的附加载荷达到最小，改善牵引索的受力状况。

（2）支架一般分为钢管式支架和格构式支架，可根据支架所受外力的大小和现场条件决定。

（3）运行小车与物料之间可采用葫芦等提升装置，以满足装卸料需要。

（4）牵引力应按照所有工况中最不利载荷情况计算，牵引索通过各导向轮的阻力，应计入牵引索的刚性阻力和导向轮轴承阻力。

（5）索道架设过程中应综合考虑地形地质条件，根据锚固原理选择合适的锚固方式与锚固工具。

（6）运输塔材、瓷瓶等成品材料过程中，应采取软物衬垫等措施防止发生磨损、破裂等现象。

8.9 安全措施

（1）索道运输作业须严格执行现行 DL 5009.2。

（2）施工前必须编制安全措施并进行审批，并对索道使用人员进行安全技术交底和培训。

（3）建立健全岗位责任制和安全检查维修制度，在现场醒目的位置悬挂"索道运行操作规程"标志牌。

（4）索道运行过程中不得有人员在承重索下方停留。待驱动装置停机后，装卸人员方可进入装卸区域，且应在安全位置作业。

（5）当索道跨越建筑物及交通道路时，应保证物料通过时距被跨越物的最小距离满足规定要求，同时应设置相应的安全防护设施和警告标志。

（6）索道不得跨越铁路、高速公路等交通要道。跨越一般公路、有人通过的沟道，必须设立明显的警示牌，必要时应在公路、沟道上方搭设防护架防止物料坠落伤人。

（7）索道严禁载人，索道运行时，索道下方严禁站人；遇大风或大雨、雪天气，应停止运行。

（8）索道严禁超负荷使用，应根据索道的档距、高差及选用的承载索、牵引索、返空索计算装货的间距、单件质量，并在索道旁标识施工铭牌。

（9）必须确保沿线通信畅通。运行过程中，任何监护点发出停机指令后，操作人员应立即停机，待问题处理完毕后再重新开机。

（10）运行小车通过中间支架时牵引机应慢速牵引，待运行小车顺利通过后再恢复正常速度。

（11）应定期检查承载索的锚固、拉线是否正常，各种索具是否损坏生锈，索道支架有无变形、开裂等情况，确认无异常后，方可运行，并做好相关检查记录。

（12）索道的装料和卸料必须在索道停止运行的情况下进行，严禁运行过程中装、卸料。

（13）索道料场支架处应设置限位装置以防止误操作，低处料场及坡度较大的支架处宜设置挡止装置防止货车失控。

（14）索道线路上的设备及其附件应保持完好状态，严禁索道带病运行。

8.10 环保措施

（1）根据 ISO 14002-（2000）环境管理标准，建立环境管理体系，制定环境方针、目标及指标，建立健全相关工作管理检查制度。

（2）各施工现场的布置应提前做好策划，在满足安全施工的前提下尽量减少施工占地；施工作业人员必须从事先规划好的施工通道内进出，不得随意踩踏。

（3）施工现场应设临时厕所、垃圾桶，配置急救箱和相关的药品。

（4）施工场地须做到工完料尽场地清，所有施工垃圾必须统一回收处理。

（5）机动绞磨、钢丝绳等工器具与地面不得直接接触，应用彩条布进行隔垫，以防油污渗入土中。

（6）山区作业尽量减少树木的砍伐及植被破坏，注重森林防火等措施的执行。

8.11 效益分析

1. 社会效益

重型组合索道运输技术在重型、大型物料输送中发挥着重要作用，在地形复杂的山区灵活运用该技术更是最经济的运输方式之一，特别是在 1000kV "皖电东送" 特高压输电工程中具有特殊的竞争力。重型组合索道运输技术不仅在高山大岭等复杂地形条件下具有特殊的竞争力，在特定情况下用于平坦地形也极为有效，对自然地形的适应性较强，具有较强的爬坡能力，可以跨越山川、河流、沟壑等优点，既减少了赔偿费用支出，也减少了对环境的影响。

2. 经济效益

索道线路长度一般仅为公路的 1/10～1/30，步行盘道的 1/2～1/3，线路可随坡就势架设，不需开挖大量土石方，对地形、地貌及自然环境的影响较小。索道基建投资一般比汽车公路和步行盘道少，通常仅为汽车的 1/2～1/5，经营费用低，经济效益好，投资回收快，并可以重复利用。能耗一般为汽车能耗的 1/10～1/20，节约能源。

工程监测与结果评价如下：

（1）铁塔运输作业顺利完成，索道运行情况良好，结构稳定，满足现场施工需要，达到设计要求。

（2）重型组合索道运输技术具有载量大、多支点、易操控、运输能力强、可控性能优、适用范围广等特点和优势，整个运输过程安全、顺利，索道运行情况良好，结构稳定。

（3）架空索道用于输电线路工程施工，具有架设简单、施工维修方便、工作效率高、投资少等优点，大大减少了对植被树木的砍伐，有效保护了环境。

8.12 川藏铁路拉萨至林芝段供电工程沃卡（拉萨）500kV 变电站—拜珍牵引站 220kV 线路工程 N19～N12 索道架设施工应用实例

拉林铁路供电配套工程包 7 段由 3 部分组成，具体是：沃卡（拉萨）500kV 变电站—加查牵引站 220kV 线路工程的 N1～N52 共计塔位 51 基，其中 N25 为空号；沃卡（拉萨）500kV 变电站—拜珍牵引站 220kV 线路工程，N2～N51 共计塔位 50 基；山南—墨竹工卡Ⅰ、Ⅱ回Π入沃卡（拉萨）500kV 变电站 220kV 线路工程。

本工程共 110 基铁塔基础，其中材料基工器具需要索道转运的铁塔基础共计 40 基，塔位所在点地势陡峭，地形条件复杂。

通过现场实际勘察，发现本工程索道架设施工中的难点如下：

（1）本工程从全线塔位均位于山区，37 基塔位需架设索道，共计索道架设 12 条。

（2）本工程所在的山区山势起伏不大，索道架设时无天然支架安装点。一条索道需要的支架多，各支架间隔短。

本工程标明了索道架设起点、终点及各支架的具体位置，施工过程中不得随意改动，如需改动需征得项目技术管理人员的确认及认可，待重新计算后出具变更计算书，方能施工。

索道架设及运输的基础施工工艺流程如图 8-30 所示。

根据拟架设索道服务的塔位铁塔的质量、日运输能力的大小、工期计划等确定拟架设索道的大小。根据本工程塔位情况、铁塔单件质量分析，本工程需架设 7 条 10kN 级轻型索道，索道型式为多跨单索循环式。

索道架设过程中路径选择是关键，在进行索道路径选择时应该注意以下事项：

（1）索道路径必须实地测量。索道所选路径通过 GPS 测量地形，确定索道起始点、支架点的坐标，绘制索道架设路径图，最后通过计算确定该路径（工况）下索道各系统的受力，对可行性及稳定性进行分析后，确定最终路径。本工程采用卫星图或者航片，在图上已按设计院给定的塔位坐标描点标线，结合实际现场勘测的点位进行索道的路径选择。

（2）索道路径必须避免交叉跨越。索道路径应尽量避免和已有或新建的线路、通信线、电力线、公路交叉，不得跨越铁路或高速公路等交通要道。如果跨越公路、有人通过的沟道时，必须设立明显的警示牌，必要时要在公路、沟道上方搭设防护架防止货物坠落伤人。

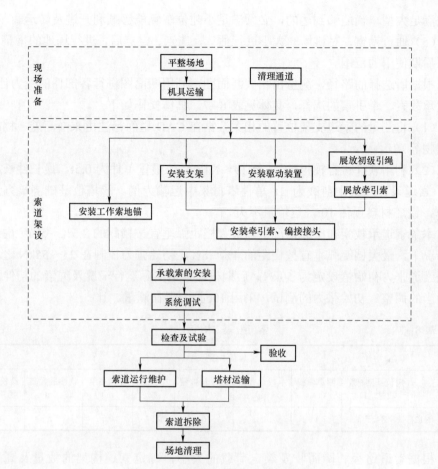

图 8-30 索道运输施工工艺流程图

（3）1.5t 级索道长度及跨度的规定。1.5t 级轻型索道多跨最大长度为 1500m，相邻支架间的最大跨距不宜超过 600m，相邻支架最大弦倾角不大于 50°；单跨最大跨距不宜超过 1000m，相邻支架最大弦倾角不大于 35°。跨越山谷等特殊情况另行规定。

索道所占用的场地包括上料场、卸料场、支架等，堆料场地应尽量选择开阔区域，并因地制宜，减少土石方开方量。料场的选择必须满足以下要求：

（1）全面了解及掌控塔位附近的自然条件，包括乡村公路、公路能够到达的运输距离、运输工具、塔位周边的地形情况、当地的民风民俗。

（2）确定该料场服务的塔位的铁塔质量、使用工器具的多少。

（3）确定所选料场的堆积量、需平整大小、布置情况。

（4）料场的选择一定要能够满足车辆顺利到达、下货方便。尽量选择公路边。

无法满足大型车辆能够到达的，必须满足小吨位车辆能够顺利开进及转运。

（5）通过勘察，对料场的大小进行估计，选点、定点后，进行场地的平整。规划好后期使用的范围。

根据所选择的路径，测量出相关断面图，利用断面图进行各部件的受力计算，确定承载索、牵引索的选择，具体见表8-7。具体操作如下：

（1）将测量的索道支架位置的相关数据在 CAD 里面标注出来（高差、档距、障碍物等）。

（2）利用软件进行模拟计算，N19～N12 塔位最重单件为 0.5t，最长件长度为 8m，索道设计以集中荷载为 1t 单件塔材集中运输为例。该塔位基础浇筑方量未 53m³，铁塔材料预估 10t，运输量不大。

本条索道承载索在空载情况下，最大档距弧垂宜按档距的 2.5%～5% 考虑；满载情况下，最大档距弧垂宜按档距的 4%～8%，初始张力控制在 25～55kN 之间，本条索道张力初始值设定为 50kN。后期根据索道实际运行情况及绳索的初伸长，做适当的调整。初始张力的测试，采用 10t 拉力器在测量。

表 8-7　　　　　　　　　　　索 道 基 本 信 息

基本信息								
服务塔位	塔位基础材料质量（t）	额定荷载（t）	承载索数量（根）	跑车轮数量（个）	中挠系数	挂钩高度（m）	物件最大高度（m）	最长件长度（m）
N19-N12	842.5	1	1	6	0.04	0.5	1.5	8

根据索道路径、障碍物及额定荷载的大小，确定索道构架的数量及高度。根据计算，在荷载达到一定值时索道绳索距离地面的高度，以及货物通过障碍物的实际通过性确定索道支架的数量及高度。集中额定荷载为 1t 时，计算结果见表8-8。

表 8-8　　　　　　　　　　　支架数量及高度计算结果

支架编号	跨度（m）	高差（m）	高度（m）	倾斜角度（°）	注意事项
1	83.19	50.28	0.00	90.00	终端锚固
2	60.68	28.23	6.00	90.00	
3	99.60	0.17	6.00	90.00	
4	164.38	11.86	6.00	90.00	
5	141.82	−1.35	6.00	90.00	
6	697.47	67.77	6.00	90.00	

续表

支架编号	跨度（m）	高差（m）	高度（m）	倾斜角度（°）	注意事项
7	190.11	10.81	6.00	90.00	
8	503.52	17.54	6.00	90.00	
9	257.31	31.42	6.00	90.00	
10	318.56	−12.70	6.00	90.00	
11	28.75	−8.17	0.00	90.00	终端锚固

通过计算确定了本条索道在该地形条件下需要支架数量为 9 副，各支架的高度、支架间的距离相连支架的相对高差见表 8-8。

支架的受力计算及各支架点绳索的窜移量见表 8-9。

表 8-9　　　　　　　　　支架受力及窜移量计算

支架编号	跨度（m）	窜移量（m）	支架竖直受力（t）	高度（m）	注意事项
1	83.19	0.25	0.00	0.00	终端锚固
2	60.68	0.36	57.62	6.00	
3	99.60	0.65	42.26	6.00	
4	164.38	1.96	6.24	6.00	
5	141.82	1.82	11.38	6.00	
6	697.47	2.86	5.96	6.00	
7	190.11	4.55	15.08	6.00	
8	503.52	2.11	11.09	6.00	
9	257.31	2.06	8.88	6.00	
10	318.56	0.35	16.29	6.00	
11	28.75		0.00	0.00	终端锚固

本应用实例索道支架均采用 50kN 级设计，支腿由 3 组支架组成，索道门型构架单侧为 3 支腿设计。支架管壁厚度 5mm，主管直径 108mm，3 支腿能够满足 50kN 下压力的要求。

各绳索选择及受力计算结果见表 8-10。

表 8-10   各绳索选择及受力计算结果

绳索类型	规格名称	直径（mm）	破断力（t）	最大受力（kN）	安全系数	是否选用	备注
承载索	1700-20	20	25.7	8.582	2.99	选用	单承载索
牵引索	1700-12.5	12.5	9.73	1.73	5.62	选用	
返空索	1700-15.5	15.5	15.2	2.888	5.26	选用	受力很小

根据表 8-10 计算结果，承载索采用强度为 1700，直径为 20mm 的钢丝绳，安全系数达到 2.99，满足 Q/GDW 1418 的要求，选用。同理，牵引索、返空索均能够满足要求，结论选用。

牵引索搭接采用编织的方式，按照 Q/GDW 11189—2014《架空输电线路施工专用货运索道》的要求，编织长度为 100 倍的钢丝绳直径，本索道编织长度为 1700mm。

有单个集中荷载时，作用于档距中点时，最大水平张力为

$$T = \frac{2Q}{8\frac{f}{l}\cos\beta - k_1 k \frac{1}{\cos\beta}} \tag{8-8}$$

式中 k——承载索单位长度质量对其破断之比，1/m。

k_1 ——对单绕捻钢丝绳（即钢绞线）折减系数，k_1：$\frac{w}{Tb}$，可取平均值 6.8×10^{-5}；

Q——最大牵引载重，kg；

l ——水平档距，m；

T——承载索的最大平均张力，kg；

f——档距中点承载索的容许最小弛度，m；

β ——高差角，取 30°；

其中 $$f = \frac{l^2}{8H}\left(\frac{w}{\cos\beta} + \frac{2Q}{l}\right) = \frac{l^2}{8T}\left(\frac{w}{\cos^2\beta} + \frac{2Q}{l\cos\beta}\right) \tag{8-9}$$

式中 H——两悬挂点之间的高差。

根据以上计算结果，在单集中荷载为 10kN 的情况下确定了各种受力绳索钢丝绳、地锚，见表 8-11。使得架设材料的选择更有依据。

表 8-11   地 锚 受 力 计 算 结 果

地锚额定荷载（t）	地锚实际受力（t）	安全系数	选用地锚类型	地锚个数	地锚埋深（m）	马槽对地夹角（°）	选用钢丝绳套
10	8.58	3	钢板地锚	1	2.74	45	$\phi 20$

计算公式为

$$F = \frac{rv}{k} \qquad (8-10)$$

$$v = \left[dlt + (d+l)t^2 \tan\theta + \frac{3t^3 \tan\theta^2}{4} \right] \sin\theta \qquad (8-11)$$

$$t = \frac{h}{\sin\alpha} \qquad (8-12)$$

式中　F——拉力，kN；

　　　　r——土容重，t/m³；

　　　　v——土壤体积，m³；

　　　　k——安全系数；

　　　　l——地锚长，m；

　　　　d——地锚宽，m；

　　　　α——对地夹角，（°）；

　　　　h——埋深，m。

索道其余工器具如鞍座、运行小车、托索轮、转向滑车等按照规定要求选取。

根据计算，本索道端部地锚采用 1 个 10t 地锚，地锚规格为 400mm × 400mm × 1400mm 的钢板地锚。上下站各 1 个，共计需要 2 个地锚。

支架的安装应严格按照测定（选定）的坐标进行布置，确保索道在进行运输时的通过性以及本身的稳定性。

索道构架的支腿由 3 组索道钢管连接组合而成，如图 8-31 所示。

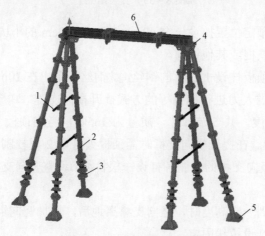

图 8-31　索道支架构成图

1—横向支撑；2—竖向支撑；3—1m 调整节（带丝杠）；4—索道顶板；

5—索道底座；6—索道横梁（H 型钢 Q345）

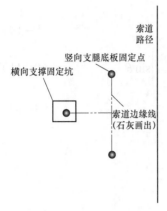

图 8－32　索道支腿固定图

索道支腿由直径为 108mm，厚度为 5mm 的镀锌 Q235 号钢材的钢管组成。

进行支腿安装时，首先需在地面利用石灰画出支架组立到需求高度时的边缘线并通过计算确定横向支撑、竖向支撑的底板固定位置如图 8－32 所示。

在地面将一侧的横向支撑腿组立好可 8、10m（具体根据计算确定的横梁到地面的净距离，外加地形坡度情况及横向支撑相对于竖向支撑的角度，约 20°确定横向支撑的长度），竖向支撑组立 2m（单节 2m 的钢管节），顺着山体坡度摆放。如图 8－33 所示。

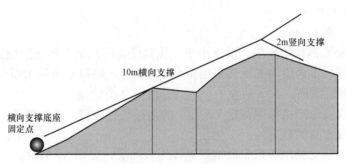

图 8－33　支架组立

在横向支撑的预定位置挖设一个 40cm×40cm×40cm 的小坑，用来固定横向支撑的底端，底板用铁棍或其他锚固。

在横向支撑的顶板挂设 13mm 的钢丝绳，钢丝绳牵出在 20m 外的绞磨上缠绕，或在合适的地方通过人力进行拖拉等的方式提升横向支腿。单节 2m 钢管质量约 35kg，按照 10m 高度，共 5 节计算，质量为 165kg，考虑顶板 20kg，全重不超过 200kg，故人力可行。在提升横向支撑时需顶板处打设 2 根控制拉线，防止支腿中心位置的偏移。在竖向支撑的外侧各打设一根拉线，调整竖向支撑相对于中心线的角度不大于 20°。

横向支撑提升到一定高度时，竖向支撑离地后，增加竖向钢管节，逐步提升，达到需求高度后，打设拉线固定。

两侧支腿组立完毕并按要求打设拉线，拉线对地夹角不应大于 45°，用紧线器将拉线调紧，两侧拉线拉力应相等。在两侧支腿顶面分别安装横梁吊装辅助装置，其上悬挂起重滑车，两根钢丝绳穿过起重滑车，其中一绳头引至地面连接横梁端部，另一绳通过地面设置转向滑车引至牵引位置，两根钢丝绳同时牵引吊装横梁。如图8-34和图8-35所示。

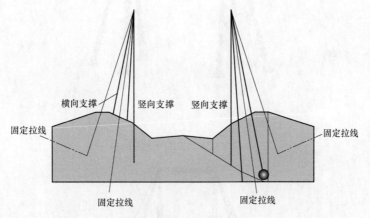

图8-34　支架组立

安装过程中应确保各部件连接牢固、可靠。

利用人力辅助或手板葫芦安装鞍座，并连接牢固。

索道两端终端支架高度根据地形调节，保证各工作索张紧后的合理位置，方便装拆运行小车。

索道门架拉线的设置：拉线按单侧2根（两侧共4根），拉线与索道架设方向成45°夹角，成外八字架设。采用ϕ12钢丝绳套＋ϕ35双钩紧线器＋2t地锚设立拉线系统，拉线对地夹角不应大于45°。拉线设置如图8-36所示。

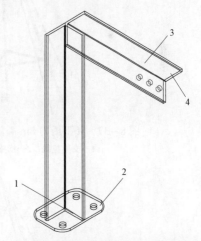

图8-35　横梁吊装辅助装置示意图
1—连接板；2—连接孔；3—架体；
4—起重滑车连接孔

为确保索道支架长期运行的稳定，对于高于6m的支架采取补强措施，即使用ϕ48的钢管将支腿部件连接在一起（连接系），确保整体受力，具体如图8-37～图8-40所示。

本工程索道布置点的地形差、地势陡峭、索道跨度大、索道长，施工时索道引绳的展放及牵引绳的架设相当困难。在架设时要特别重视。

图 8-36　拉线布置图

图 8-37　5t 下压力 8m 高门架结构布置图（2m/5m 处设连接系）

1—支架拉线；2—横梁；3—钢管加强节；4—竖向支撑架

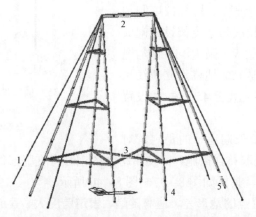

图 8-38　5t 下压力 10m 高门架结构布置图（2m/5m/8m 处设连接系）

1—支架拉线；2—横梁；3—钢管加强节；4—竖向支撑架；5—横向支撑架

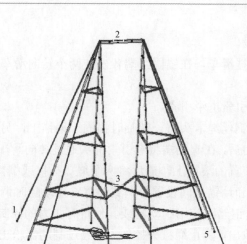

图 8-39　5t 下压力 12m 高门架结构布置图（1m/3m/6m/9m 处设连接系）

1—支架拉线；2—横梁；3—钢管加强节；4—竖向支撑架；5—横向支撑架

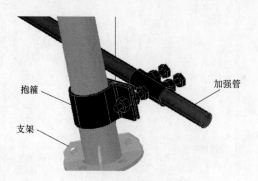

图 8-40　支架局部补强图

（1）导引绳的展放。根据实际索道的跨度、索道路径所在的地形条件来确定索道是否需用导引绳展放，索道的导引绳一般采用三级绳。

1）对于跨距小、地形平坦的地方采用人力进行导引绳的展放。展放时，展放人员必须配备对讲机，以便随时保持前后的通信。

2）对于跨距大、跨档多、地形复杂、人力到达困难的地方，采用飞行器展放轻质导引绳，再通过轻质导引绳牵引过度为三级绳。

（2）牵引索的展放。牵引索一般为直径不得小于 16mm 的钢丝绳。

1）在植被密度小、地形起伏较小、不跨越江河深沟的情况下，钢丝绳可利用人力直接展放。

2）对于植被密度大、生长高度大、地形起伏不定的索道路径，可采用已展放好的三级绳通过机械牵引的方式进行牵引索的展放。减少对当地植被的破坏。

（3）牵引索架设。

1）在支架上悬挂滑车，在锚固终端各安装两个转向滑车，将牵引索放进转向滑车里。

2）用三级绳牵引索道牵引索。

3）在起始端用钢丝绳卡头将一端临时锚固于地锚上，另一端缠上绞磨，将牵引索收紧至适当张力后，在起始端将牵引索绳头通过转向滑车，并按照要求的圈数将绳头缠绕在驱动装置的滚筒上，最后将两个绳头插接或编接成循环牵引索。

4）在转向滑车和地锚之间设置可调式装置，以便随时调整牵引索的收紧度。用机械牵引钢绳时，钢丝绳应用制动器或其他带有张力的控制装置将张力放出，严禁用人力控制直接放出，防止绳盘失控伤人。经过制动器松出时，钢丝绳在制动器上缠绕不得少于 5 圈，尾绳必须由专人控制，且不能少于 2 人。

展放承载索时，要借用牵引索，通过牵引机（绞磨）把承载索牵引过去，如图 8-41 所示。

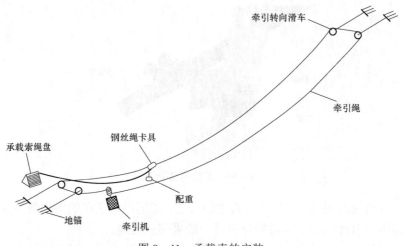

图 8-41　承载索的安装

展放过程中应注意以下内容：

（1）在起始端用钢丝绳卡头把承载索绳头和牵引索固定，同时应对固定处的承载索加装适当配重（根据绳索的质量确定），防止两绳互相缠绕。

（2）在起始端将承载索缠绕在制动器上，用人力控制慢速送出，用牵引机慢速牵引。

（3）当承载索绳头接近中间支架时，使用卡线器重新在第一个卡线器的前后端卡住，一端绳卡需迈过支架滑车。然后取出远离绳头的两个卡线器，继续牵引（钢丝绳卡头过转向滑车时，必须将配重及绳卡取下，再采用临时锚固过渡的方法将钢丝绳过渡到滑车的另一边，再卡上装上配重进行循环牵引到终端）。

（4）将承载索拉到终端后，用 U 型环将承载索和地锚套连接，回头用钢丝绳卡固定，用提线器将承载索提如鞍座内。

（5）在起始端用钢丝绳卡线器和绞磨、手扳葫芦配合，将承载索收紧至设计要求张力，并固定在地锚上。起始端的锚固装置必须分开打设锚线坑。各转向滑车必须分开打设锚线坑。

（6）重复以上操作进行第二根承载索的安装。

索道承载索架设完毕后，必须对它的张力进行检查，以检测其张力是否过度或者不足。本工程在承载索的终端连接拉力表直接测量承载索张力。

拉力表直接测试法简单直观，即用拉力表、手扳葫芦和钢丝绳卡具配合，在承载索锚固点将索具受力转移到拉力表上，可以直观地读出钢丝绳的张力大小。具体操作是：将承载索调整到适当张力后，用卡线器一端连接到拉力表上，一端连接到承载索上；利用手扳葫芦微调至适合的承载索张力。这样可以在施工过程中实时观察承载索的受力变化。以便随时调整承载索的张力，确保施工大安全。

驱动装置选用对轮式索道牵引机，型号为 SQJ-Ⅱ型，额定荷载为 5t，实际可达到 8t 出力。驱动装置安装时应进行以下工作：

（1）平整场地。驱动装置由于马力大，运行时自震较大，安装时必须保证驱动器底座完全放于平整的地面，平整后采用枕木垫于地面，类似于老式铁轨枕木。枕木可以帮助驱动器自我找平，可以快速传递机器的震动，由于是木质结构本身的韧性可以降低振动。

（2）锚固。驱动装置依靠四周的锚线进行固定，锚线规格最少为 $\phi 16mm$，锚线与中心线的夹角不能大于 30°，采用钢板地锚。

（3）空载试验。确定锚线稳定，收紧后，启动驱动装置，进行 30min 的空载试验，然后操作离合器带动滚筒运转，试运过程中应注意检查各部位有无异常现象，主要是锚固装置、枕木的稳定性。及时进行调整。

为保证机械操作人员的安全，驱动牵引机设置在索道横线路方向，通过 2 只 10t 转向滑车引出。如图 8-42 所示。

结合 1t 级索道的受力特点，承载索设置 1 个 10t 钢板地锚，经钢管平衡梁锚连接终端钢丝绳套过渡到地锚系统；牵引索设置 1 个 3t 钢管地锚连接转向滑车，形成循环系统。

地锚埋设深度以实际受力计算为准。地锚埋设如图 8-43 所示，钢丝绳的锚固应采用相应绳卡连接，钢丝绳之间不得缠绕连接。

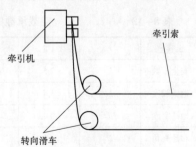

图 8-42　驱动装置安装位置示意图

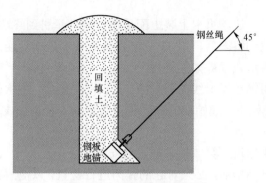

图 8-43　地锚埋设侧示图

针对不同土壤类型进行计算，使用时根据实际土壤情况确定开挖深度。

根据计算，承载索终端锚固系统受力 8.58t，地锚埋深根据现场施工地质进行选择，见表 8-12。不得盲目更改或者按照经验进行随意开挖及埋设。

表 8-12　　　　　　　　受力时承载索终端锚固系统地锚埋深表

土容重	r	1.8	1.7	1.6	1.6	1.7	1.5
安全系数	k	2.5	2.5	2.5	2.5	2.5	2.5
地锚长度	L	1.4	1.4	1.4	1.4	1.4	1.4
地锚宽度	d	0.4	0.4	0.4	0.4	0.4	0.4
对地夹角	ζ	45	45	45	45	45	45
抗拔角	θ	27	23	20	10	28	22
埋深	h	1.53	2.50	3.17	5.43	3.37	2.74
拉力	F	8.58	8.58	8.58	8.58	8.58	8.58
土壤类型		坚硬	硬塑	可塑	软塑	中砂	细砂

根据计算本索道返空索承载力为 2.14t，其地锚埋深根据地质情况开挖，见表 8-13。

表 8-13　　　　　　　　空载承载索终端锚固系统地锚埋深表

土容重	r	1.8	1.7	1.6	1.6	1.7	1.5
安全系数	k	2.5	2.5	2.5	2.5	2.5	2.5
地锚长度	L	1.4	1.4	1.4	1.4	1.4	1.4
地锚宽度	d	0.4	0.4	0.4	0.4	0.4	0.4
对地夹角	ζ	45	45	45	45	45	45
抗拔角	θ	27	23	20	10	28	22

埋深	h	0.57	1.21	1.65	2.84	1.85	1.37
拉力	F	2.88	2.88	2.88	2.88	2.88	2.88
土壤类型		坚硬	硬塑	可塑	软塑	中砂	细砂

地锚埋设相关要求如下：

（1）地锚坑的位置应避开不良的地理条件（如受力侧前方有陡坎及松软地质），地锚坑开挖深度一定要满足作业指导书要求深度，地锚必须开挖马道，马道宽度应以能放置钢丝绳（拉棒）为宜，不应太宽。马道坡度应与受力方向一致，马道与地面的夹角不应大于 45°。

（2）地锚坑的坑底受力侧应掏挖小槽（卧牛槽），地锚入坑后两头要保持水平。

（3）地锚坑的回填土必须分层夯实，回填高度应高处原地面 200mm，同时要在表面做好防雨水措施。

（4）如果索道使用时间较长或者处于潮湿地带，应对地锚的钢丝绳套做好防腐蚀措施。

（5）钢丝绳套和地锚连接必须采用卸扣进行连接，严禁钢丝绳套缠绕连接。

（6）地锚埋设时，必须要有施工负责人和安全员在场进行旁站监督，并填写《地锚埋设签证单》。

（7）地锚应设立沉降观测标尺，随时注意地锚的相关受力情况。

山区索道运输无法直接传递指令，所有现场联络应采取对专用通信设备（对讲机）。一个施工段架设有多条索道时，相应的通信信号编码应有差别，防止相互影响。

机械操作人员、上料（下料）人员、现场安全员应各配备专用通信设备；联络时应做到信息报送清楚、规范、及时。

货物到达目的地前约 15m，下料人员应及时向机械操作人员发出减速信号，待货物到达后立即通行停车卸料。

基础材料采用圆筒形料筒，布置数量根据单料筒质量确定，本工程中基础单料筒质量约 150kg，可悬挂 6 个料筒，料筒间距 40~50m。

根据塔材（钢管）杆件细长、单件质量较大等特点，在索道上悬挂物料可采用多吊点方式运输，本方案采用前后两个吊点，在每个挂点处设置一手链葫芦，塔材运输到到达塔位后，可放松手链葫芦将塔材卸至地面。

也可单独设置一根起重索，专门用于装卸起重，起重索一端固定，另一端缠绕在卷扬机上，挂好重物后用卷扬机收起重索，重物上升到合适位置，即可利用牵引索牵引移动。重物到达指定位置后，停止牵引，用卷扬机放起重索，重物下落。利用起重索上下重物方便，不需搭建平台，不收地形限制，大大提高料场选择的灵活性。

索道运输班组的人员应根据索道线路的长度、地形复杂程度、运输工作量以及作业内容等情况配置，一个索道运输队人员组织见表 8–14。本工程欲采用 5 个索道架设班组。

表 8–14　　　　　　　　　一个索道运输队人员组织表

序号	岗位	数量	职责划分
1	工作负责人	1	负责索道运输全面工作，包括现场组织、工器具调配、物料转运进场及地方关系协调等工作
2	现场指挥	1	负责本级索道运输的组织、现场劳动力协调、现场指挥等工作
3	牵引机操作手	1	负责本级索道的机械操作、维护等工作
4	材料管理员	2	负责本级索道上、下点的材料收料、清点、登记和分类堆放等工作
5	装卸工	6	负责本级索道各架设点的安全监护，上料、卸料、搬运、堆放等工作
6	安全员	2	负责运输现场的安全监护和检查
7	测量维护员	1	负责索道的定位架设及运行维护工作
8	其他	1~2	抱杆、起重架装卸材料

主要工器具及材料配置见表 8–15。

表 8–15　　　　　　　　　施 工 工 器 具 配 置 表

序号	名称	规格	数量（m）	备注	序号	名称	规格	数量（m）	备注
1	承载索	φ20mm	2830.567 3	单承载索	12	支撑器		3	
2	牵引索	φ12.5mm	5661.134 6	循环式	13	行走小车	单轮	6	
3	返空索	φ15.5mm	2830.567 3	循环式	14	鞍座		3	
4	转向滑车	合金	4		15	支架	φ6m	1	
5	地锚	10t	4		16	支架	φ5m	2	
6	索道牵引机	5t	1		17	支架	φ10m	0	
7	元宝卡	各种型号	根据需求		18	支架	φ12m	0	
8	U 型环	10t	8	终端锚固	19	拉线	φ15.5mm	12	
9	U 型环	8t	8		20	葫芦	9t	1	紧承载索
10	U 型环	5t	12	拉线用	21	电动葫芦	3t	2	上下货物
11	钢丝套	φ20mm	4	承载索里面考虑	22				

安全控制措施见 8.8。

重大危险源分析及控制措施见表 8-16。

表 8-16 重大危险源分析及控制措施

危险源	可能造成的危害	评价	控制措施
支架承重超载	机械事故	重要	支架搭设时,应考虑支架本身重力、钢丝绳重力、附加的风、雪、冰荷载以及支架所能承受的最大载重力。支架应该使用稳固的架体,拉线可靠;地锚等锚固装置设置规范可靠
牵引设备故障或开脱	运物脱落、人员伤害	重要	牵引使用的动力设备必须锚固可靠,动力符合要求,性能良好。严禁使用树木、外露岩石作为锚桩。动力设备必须有合格证,并进行入场检查后方可使用
钢丝绳超载或磨损造成断裂	机械事故、人员伤害	重要	索道运输质量严格控制在许用荷载内;钢丝绳严禁出现断股、扭曲;在运输过程中要经常进行检查,如果出现断股要及时进行更换
高空坠物	物体打击、人员伤害	一般	牵引索、承载索、滑车及手拉葫芦等工器具每次使用前都应严格检查;运行小车的焊接部位必须牢固、可靠;每次吊重不得超过计算负荷
交通事故	物体打击、人员伤害	重要	路口交叉跨越处设专人看守,运输过程中不得有行人穿行。施工人员严禁随意穿行道路。施工道路点,必须设置明显的安全警示牌或标志。跨越点,设置安全监护人员,运输过程中不得有行人穿行
地锚埋设不合理	索道整体受损、人员伤害	重要	通过对现场的收资了解现场地质状况,并根据地质情况做好预防措施。定期检查地锚埋设处地质状况
恶劣气候条件	机械事故	一般	遇有雪、雾、冻雨、五级以上大风等天气时,严禁进行索道运输作业

货运索道尽量不要跨越公路、铁路,如必须跨越时等应设置明显的标志,并取得相关部门的同意,确保货物与车辆的安全距离符合规定。

索道各主要部件的安全系数应按表 8-17 中数值选取。

表 8-17 主要部件的安全系数

索道主要部件	承载索(含返空索)	牵引索	拉线、地锚及其他受力部件
安全系数	2.6~2.8	≥4.5	≥3

注 钢结构支架设计时已经考虑结构应力安全,施工时可按标明的额定荷载直接选用。

支架应采用拉线保持支架稳定,拉线对地夹角不宜大于 45°,同侧支腿夹角宜为 30°。

当支架拉线对地夹角和支腿夹角因地形条件限制不能满足要求时,需增加横向支腿及相应柱间水平支撑。

同侧支腿间应设置柱间水平支撑,柱间水平支撑宜采用钢管通过抱箍连接方式与支腿固定,具体安装位置应按照计算结果严格执行。

支架坐地处除良好岩石类地基外均应浇筑混凝土垫层,同侧支腿底部设置绑脚绳。组立支架周围应有必要的防护及排水措施。

索道驱动装置不得设置在承载索下方及索道路径延长线上，应安置在地势平坦、视野开阔的地方。

高速滑车的设置应使牵引绳进、出绳（尾绳）的高度与牵引机卷筒槽底一致。

牵引绳尾绳张力不宜过大，避免两卷筒之间的向心拉力增大，出现轴承损坏。

使用钢绳卡固定工作索端部，绳卡压板应在钢丝绳主要受力的一边，且绳卡不得正反交叉设置；绳卡间距不应小于钢丝绳直径的 6 倍，绳卡的数量可按表 8－18 选取。

表 8－18　　　　　　　　　钢丝绳端部固定用绳卡的数量

钢丝绳直径（mm）	7～18	19～27	28～37	38～45
绳卡数量（个）	3	4	5	6

注　见 GB/T 5972 有关规定。

索道的最高运行速度不宜超过 60m/min。

严禁高速运行时急刹车。

索道运行与维护保养应注意：

（1）机械操作人员应持证上岗。

（2）应保证通信联络畅通，信号传递要语言规范、清晰。在索道集中区域，应采取措施保证各级索道通信互不干扰。

（3）每日开工前，应对索道驱动装置进行检查，开机空载运行 2～3min 后方可进行正常的运输作业。

（4）索道运行期间，要定期对地锚、支架、承载索、牵引索等关键部位进行检查并对工作索初拉力进行调整，按要求对驱动装置、钢丝绳等重要部件进行定期保养，对抱索器螺栓等长期反复使用的部件定期更换，做好机械设备检查、保养、更换部件记录。

（5）索道运行时，支架、地锚处应设专人值守。操作人员应注意驱动装置、工作索的状况，值守人员应注意支架、地锚的状况，发现异常现象应首先停机检查情况，及时处理解决，确认无误后方可开机运行。

（6）运输前应确认运行小燕子车与承载索配合正确，与牵引索连接可靠。

（7）质量较大的物料运输开始牵引时应慢速、平稳。运行小车接近支架时，值守人员应随时报告运行小车距支架的距离，并要求放慢牵引速度，缓缓通过支架。

（8）运输过程中需停止时，驱动装置应停止并制动。

（9）索道超过 30 天不使用时，应放松工作索张力，排空驱动装置内水和油，并对所有部件进行保养。停用期间，应派专人看护。重新启用时，应重新调试系统并进行检查及试运行。

（10）索道架设或长时间停用后，在运行前应进行相关的检查、验收，从而保证索道设备的运行安全。索道检查及验收应由安装单位组织进行，施工单位及工程监理参加，确认无误后方可投入试运行。索道在每天运行前应认真做好以下项目检查：

1）检查牵引机冷却水、燃油量是否充足，润滑油油位是否正常。

2）检查卷筒和制动器的操纵机构是否可靠灵活，各连接件是否牢固。

3）检查各支架是否稳定牢靠，各支撑器状态是否良好，各工作索地锚埋设是否正常。

4）检查各运行小车转动是否灵活，强度是否满足运输需求。

5）索道钢丝绳的收紧程度，采用拉力仪及经纬仪进行测量。

6）索道滑车是否转动正常，构件是否齐全。

7）索道钢丝绳是否有磨损等。

各条索道因为地理条件的不同将采用不同高度的支架；可能采用不同大小的钢丝绳；并根据不同的施工进度采用不同功率的索道牵引机。各条索道的相关设备及配套设施将通过后期现场测量设计后给出。以 N19～N12 为例，单基策划见附录 A。

8.13　马尔康—色尔古 500kV 双回线路新建工程Ⅵ标段索道运输施工应用实例

马尔康—色尔古 500kV 双回线路新建工程，起于马尔康变电站 500kV 出线构架，止于色尔古变电站 500kV 进线构架。线路左线（N 线）全长 147.616km（其中同塔双回长 123.568km，单回长 24.048km）；右线（T 线）全长 147.765km（其中同塔双回长 123.568km，单回长 24.197km）。

本标段为马尔康—色尔古 500kV 输电线路工程第Ⅵ施工标段。施工Ⅵ标段起于四川省黑水县扎苦段塔位编号 N301（桩号 J116），止于四川省黑水县色尔古 500kV 变电站构架，线路总长 2×30.536km，同塔双回路架设。

路径情况：施工Ⅵ标段起于四川省黑水县扎苦段塔位编号 N301（桩号 J116），止于四川省黑水县色尔古 500kV 变电站构架，途经黑水县六个乡镇：麻窝乡、双溜索乡、木苏乡、维古乡、瓦钵乡、色尔古乡。

气象条件：设计最大风速为 27m/s，覆冰厚度为 10mm。

地质情况：岩石 62%、松砂石 28.7%、坚土 5.1%、普通土 4.2%。

交叉跨越：跨越 220kV 电力线 2 次，35kV 电力线 3 次，10kV 电力线 23 次，

220V 电力线 6 次，Ⅲ 级通信线 6 次；跨越 302 省道 3 次，机耕道 16 次；跨越河流 3 次。

基础型式：采用挖孔基础，挖孔承台基础，塔架基础三种型式。

铁塔型式：采用自立式角钢塔，新建铁塔 57 基，其中耐张塔 32 基，直线塔 25 基。

导线型号：导线采用 4×JL/G1A－630/45 钢芯铝绞线。四分裂导线呈正方形排列，分裂间距 450mm。跳线采用四分裂跳线，型号及分裂间距同导线。

地线型号：我标段同塔双回架设两根 OPGW 复合光缆，在变电站进线采用两根 OPGW－150 光缆，其余段采用两根 OPGW－120 光缆。

本标段主要位于四川省阿坝州黑水县。沿线海拔为 1800～3100m，地形划分峻岭 18.3km/60%、高山 12.3km/40%。山上气候恶劣，时常阴雨绵绵，人工便道湿滑，不利于畜力和人力的运输，主要采用索道运输。

交叉跨越情况见表 8－19。

表 8－19　　　　　　　交　叉　跨　越　情　况

序号	被 跨 越 物	跨越次数	备注
1	220kV 电力线路	2	含废弃竹色线地线 1 次
2	35kV 电力线路	3	
3	10kV 配电线路	23	需改迁 1.0km
4	220V 照明线路	6	
5	通信线（缆）	6	
6	302 省道	3	
7	乡村公路（含机耕道）	16	
8	河流	3	

索道系统包括承力系统、动力系统、循环系统、材料装卸系统。在选择好的上下锚点将承载绳张起固定，如果经过特殊地形不能跨越的情况，须架设门形架，将承载绳支起；牵引绳通过下锚点的卷扬机提供动力，通过上锚点的转向滑车形成一个闭合的环。运行时，承载绳固定不动，而牵引绳在卷扬机的带动下循环运动，运载小车固定在牵引绳上，通过运载小车上的滑车在承载绳上移动，从而带动货物上升。索道系统布置示意图如图 8－44 所示。

装配式索道运输的特点为：

（1）采用装配式的结构设计，在遇到无法使用车辆运输情况时所有零部件可拆卸，单件质量均在 50kg 以下，大大方便了山地条件下的人力搬运或畜力运输。

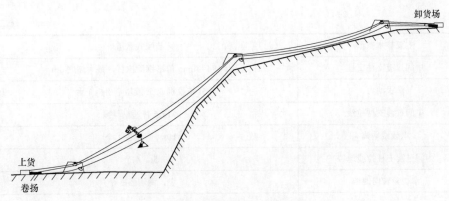

图 8-44　索道系统布置示意图

（2）中间过渡支柱上的承载索托铁设计成可调式夹具，最大夹紧力 60kN，可根据实际地形和具体需求选择是否将承载索与托铁固定在一起：在通过载重时需要提高承载索弧垂的情况下可选择托铁夹紧承载索使用，在不需要提高承载索弧垂的情况下可选择托铁松开承载索使用，以降低承载索不平衡张力，提高安全性能。

（3）在最大跨距为 1000m，同时最大高差角为 45°的极端恶劣条件下，单车最大运载能力为 1000kg。

（4）在跨距、高差角等小于最大值的情况下，可以经过计算分析，可提高最大运载吨位和多车运载。

装配式索道主要技术参数见表 8-20。

表 8-20　　　　　　　　　装配式索道主要技术参数表

主要技术参数	装配式索道
结构形式	装配式多基中间过渡支柱
单件部件最大质量	小于 50kg
最大运载能力	1.0t
主承载索	单根，$6 \times 37S + FC \phi 21.5$ 普通钢丝绳
返空承载索	单根，$6 \times 37S + FC \phi 15$ 普通钢丝绳
牵引索（单根循环式）	$6 \times 37S + FC \phi 13$ 普通钢丝绳
单跨最大档距	1000m
最大高差角	45°
最大运输距离	3000m
最大运输速度	32m/min
托铁支承承载索方式	可调式夹具，最大夹紧力 60kN

续表

主要技术参数	装配式索道
中间过渡支柱支柱	$\phi194-4mm$ 门形钢管抱杆，最大高度6m
牵引动力	5t拖拉机或5t液压牵引机1台
中间过渡支柱拉线	$\phi17.5$ 普通钢丝绳
承载索地锚	10t，两端各1个
中间过渡支柱拉线地锚	5t，4个
牵引索转向地锚	3t，两端各2个
牵引设备地锚	5t，2个

经现场踏勘，计划投入5个索道专业班组，架设索主道31条，分索道23条。各个杆塔位索道运输方式为循环式索道。

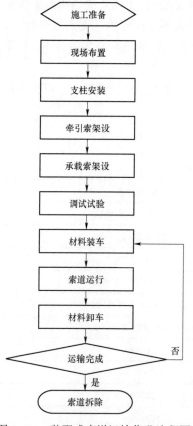

图8-45 装配式索道运输作业流程图

装配式索道运输作业流程图如图8-45所示。

依据设计文件和实地踏勘，组织技术人员进行现场调查，调查包括地形地貌、运输路径、材料装卸地点、运输距离等相关信息。

据现场调查的结果，确定运输路径及场地，运输路径和场地的选择有以下几个原则：

（1）经现场实地勘察，索道运输路径选在线路通道上；并充分利用现场自然地形条件，在通道中间的突起点安装索道支架。

（2）选取的路径方案中，应尽量避免风偏影响。索道档距位置尽可能选取在中间地形应较凹处。

（3）路径方案尽量避免与已有的或新建的线路、房屋及公路交叉；应避开线路下方的油管、水管等地下构筑物；无法避开时应采取防护措施。

（4）充分利用现场自然地形，减少对自然环境的破坏；相同条件下取距离较短、高差较小的作为运输路径。

（5）堆料场地应尽量选择开阔区域，车辆可到达的地方；要因地制宜，减少土石方开方量。视现场具体情况，修筑一段临时运输道路，使得材料能运抵场地上。

（6）支柱平台应选择在山地突起处，货车通过时均不受地面（地物）阻挡。

（7）砍伐索道通道内的影响索道架设的林木，并清理障碍物。

（8）测量索道各拟设支架点的高程及支架间距，以及通道内可能影响索道运行的凸起点的位置及高程。

索道所占用的场地一般包括上料口、下料口、支柱平台等，并对两侧料场及支柱安置处的地面进行平整。基础工程的砂、石堆放应用彩条布进行铺垫和隔挡，避免材料混杂。装配式索道典型布置图如图 8-46 所示。

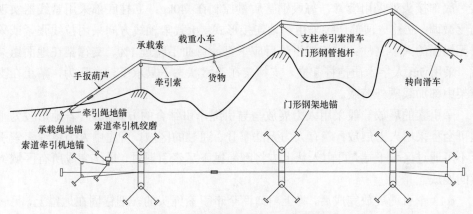

图 8-46　装配式索道典型布置图

将装配式索道走廊内影响索道安装或运输的地上障碍物清理干净，邻近建筑物、管线、坟墓、供水、供电、电缆电线、通信线路、排水系统等，应做好排障工作并采取有效地防护、加固措施。

绳索的架设一般采用人工展放，展放时尽量沿索道路径进行，不影响索道运行的树木不应砍伐。通道清理应采用经纬仪进行确认和定位，严禁乱砍滥伐。

地锚埋设一般要求：

（1）地锚需采用钢板地锚。地锚坑的位置应避开不良的地理条件（如受力侧前方有陡坎及松软地质），设置地锚时应尽可能选在地面干燥、无地下水、雨后无积水的地方，如果在水田内或有地下水的地方设置地锚，地锚两端要放平，回填土时坑内的积水应排出。地锚坑开挖深度满足要求，一般情况下 3t 地锚有效埋深应大于 2m，5t 地锚有效埋深应大于 2.5m，10t 地锚有效埋深应大于 3m。地锚必须开挖马道，马道宽度应以能放置钢丝绳（拉棒）为宜，不应太宽。马道坡度应与受力方向一致，马道与地面的夹角≤40°。

（2）地锚坑的坑底受力侧应掏挖小槽，地锚入坑后两头要保持水平。

（3）地锚坑的回填土必须分层夯实，回填高度应高出原地面 200mm，同时要在表面做好防雨水措施。

（4）如果索道使用时间较长或者处于潮湿地带，应对地锚的钢丝绳套做好防腐蚀措施。

（5）钢丝绳套和地锚连接必须采用卸扣进行连接，严禁钢丝绳套缠绕连接。

（6）地锚埋设时，必须有施工负责人和安全员在场进行旁站监督。

采用 ϕ194-4 门形钢管抱杆作支撑架，在其支撑脚打铁桩固定，或用 ϕ16 钢丝绳将两支撑脚拉紧，防其不均匀下沉和侧滑；塔架顶部使用槽钢；立柱采用钢管拼装，底部接头处采用套管，每段钢管质量控制在 40kg；立柱底部采用紧线器实现高度微调；立柱与顶部连接采用销轴连接形式；承载索轴线方向采用拉线张紧或采用无锚固的人字立柱；支撑架组装后应平直，弯曲不超过 1%。支撑架在地面组装后，采用 5m 人字木质抱杆起立。支撑架在正常状态下只承受轴向压力，禁止在支撑架中部加载额外荷载。

牵引索的展放一般采用人力展放与导引绳牵引结合的方式进行。若地形较为平坦可全程采用人力展放；若有人力无法攀登、通过的区域，可先由人力将绳索索引至不可通过区域下端，再由人从上方将麻绳抛下后牵引通过，最终完成所有区域绳索的展放。

ϕ13 牵引绳展放完成后，将上料口两个牵引索绳头的一端锚固在地锚上，另一端缠上绞磨，沿线绳索放入相应的转向滑车、支柱滑车中，启动绞磨收紧、提升牵引索，牵引索收紧至设计张力（一般取承载索弧垂的 1.5 倍）。然后，将牵引端的绳头放入转向滑车，引至锚固端绳头处进行插接或编接。

完成后，松开锚固装置，使牵引绳形成独立的循环牵引系统。

提升牵引索时，应做好监控工作，按运输路径分布监控人员，发现地物阻碍钢丝绳上升时，立即通知停机，放松绳索，对阻碍点进行处理，处理完成后方可再次进行提升，防止因树木阻碍导致的张力过大、绳索弹跳引发安全事故。

在转向滑车与地锚之间最好设置微调整装置，以便随时调整牵引索的收紧状态。若仍不能满足施工要求，则需要重新锚固牵引绳索，开断后重新插接，调整至合适的收紧状态。

牵引索循环系统完成后，则可利用牵引系统展放承载索。在起始端用钢丝绳卡头将承载索头和牵引索固定，且在固定处下端 1m 处加装配重防止两绳缠绕。

被牵引绳必须通过松线器，并采用人力控制慢速送出，用绞磨慢速牵引。被牵引绳的张力不应过大，始终略低于牵引索，防止牵引力过大和两绳缠绕。

索引至支柱滑车处时，应由专人将钢丝绳卡头送过滑车，并将被牵引绳索放入相应的滑车后继续牵引，直至被牵引绳头到达索道上端地锚处。

提升承载索时，应首先确定上端绳头已经在地锚处锚固可靠，且绳索均位于相应滑车中。确定后，可先采用机动绞磨大致提升承载索接近设计弧垂处，然后采用手扳葫芦收紧绳索，待达到设计张力后，将下端绳头也锚固在地锚上。

索道架设完成后，应该首先对各部位进行全面的检查、验收，合格后应首先进行试运行试验，试运行分为空载试验、半负荷试验、标准负荷试验和超负荷试验。

空载试验：从上料口安装一只料车发车，由慢速至额定速度进行试验，查看料车是否可以顺利通过地物。

负荷试验：料车中分别加载 25%、50%、75%、100%、110%的负荷进行慢速、中速、快速试验，每次试验中至少进行一次制动试验，并对索道整体和结构零件进行全部检查：系统各部连接是否可靠；系统调试重点检查的项目有：系统各部连接是否可靠；门形钢管抱杆是否保持直立；承载索支柱是否保持垂直；空载承载索弛度是否满足要求，两侧地锚是否牢固；支撑架是否有变形弯曲现象；牵引设备刹车是否齐全有效；装配式索道两侧是否能保证通信畅通；安全警戒工作是否安排落实到位。荷载试验现场如图 8-47 所示。

图 8-47　荷载试验现场

荷载试验完成后，需经监理验收合格，安全技术可靠，方可进行材料的运输作业。

物料的装卸要求：

（1）运输前应将料斗或物料捆绑牢固。

（2）为提高运输效率，可调整装货间距，以便装、卸料同时进行。

（3）应特别注意牵引索是否正确的卡入小车的钳口，钳口螺栓是否紧固牢靠。

（4）由于小车钳口螺栓频繁松紧，容易滑丝，使用时应经常对钳口进行检查，定期更换。

（5）装卸物料时，应轻装轻卸。用钢丝绳绑扎物料时，应衬垫软物。绝缘子等材料在运输中严禁拆除原包装。

（6）在装卸场，材料须堆放有序，严禁乱堆乱放；物料运到相应位置后，必须及时将物料转移至平坦场地，整齐堆放，严禁堆放在悬崖或陡坡旁，严禁堆放在索道附近。

一个区段架设有多条索道时，应提前对各条索道进行编号，分配每条索道的通信频道，防止相互干扰。

机械操作人员、上料（下料）人员、现场安全员应各配备专用通信设备；联络时应做到信息报送清楚、规范、及时。

货物到达目的地前约 10m，下料人员应及时向机械操作人员发出减速信号，待货物到达后立即通知停车卸料。

索道运行维护应注意：

（1）机械操作人员应持证上岗。

（2）应保证通信联络畅通，信号传递要语言规范、清晰。在索道集中区域，应采取措施保证各级索道通信互不干扰。

（3）每日开工前，应对索道驱动装置进行检查，开机空载运行 2～3min 后方可进行正常的运输作业。

（4）索道运行期间，要定期对地锚、支柱、承载索、牵引索等关键部位进行检查并对工作索初拉力进行调整，按要求对驱动装置、钢丝绳等重要部件进行定期保养，对抱索器螺栓等长期反复使用的部件定期更换，做好机械设备检查、保养、更换部件记录。

（5）索道运行时，支柱、地锚处应设专人值守。操作人员应注意驱动装置、工作索的状况，值守人员应注意支柱、地锚的状况，发现异常现象应首先停机检查情况，及时处理解决，确认无误后方可开机运行。

（6）运输前应确认货车与承载索配合正确，与牵引索连接可靠。

（7）重量较大的物料运输开始牵引时应慢速、平稳。货车接近支柱时，值守人员应随时报告货车距支柱的距离，并要求放慢牵引速度，缓慢通过支柱。

（8）运输过程中需停止时，驱动装置应停止并制动。

（9）索道超过 30 天不使用时，应放松工作索张力，排空驱动装置内水和油，并对所有部件进行保养。停用期间，应派专人看护。重新启用时，应重新调试系统并进行检查及试运行。

索道拆除应注意：

（1）当有多级索道时，必须先拆除上一级索道，再拆除下一级索道。

（2）如牵引机安装在高处时，应在山上平台拆除前，先拆运高处牵引机，并在低处安装一台绞磨，将牵引机用索道运至低处。

（3）承载索的拆除。在起始端先利用葫芦拆除承载索与地锚的连接，将葫芦慢慢松出，在钢丝绳张力减小后，将钢丝绳与绞磨连接，再在终端用葫芦将钢丝绳松出，用尼龙绳控制将钢丝绳松至全线落地无力后，在起始端用绞磨机将钢丝绳抽回盘好。

（4）牵引索的拆除。将牵引索的插接处用牵引机转至牵引机附近，利用葫芦和卡线器收紧，使接头处不受力后，在原插接处将牵引索切断，用葫芦慢慢放松牵引索（葫芦行程不够时，可改用绞磨），待牵引索不受张力后拆下卡线器，用牵引机将牵引索收回盘好。拆除索道时，严禁在不松张力的情况下，直接将绳索剪断。

（5）承载索支柱拆除。先拆除支柱上的索道附件，再逐个进行拆除塔架承载索支柱。拆除时应用大绳或拉线控制缓慢放倒，严禁随意推倒。最后将索道设备及工器具进行回收和转运。

（6）地锚拆除。先挖去地锚坑内的回填土，再将地锚拽出。严禁利用起吊设备或工具在不铲除坑内回填土的情况下，将地锚整体吊出，损坏地锚结构和使用寿命。地锚撤离后，应按照基坑回填的要求对地锚坑进行回填夯实。

（7）现场清理及植被恢复。对运输现场的起始点场地、终点场地及各支柱位置进行清理，并对现场地形、地貌进行恢复。

施工组织机构如图8-48所示。

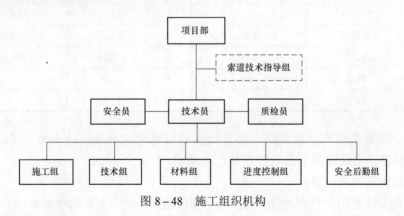

图8-48　施工组织机构

索道架设施工所有人员必须持证上岗，经过安全技术培训方可施工作业。索道施工应在运输前1个月着手准备，地形条件特别恶劣的应提前2个月。对于线路工程应在基础工程施工的同时开始索道架设施工，因为一般一条索道架设工期为一个月，视地形和交通条件而定。索道架设得越早，基础工程受益越多，更能体现索道运输的优越性和经济效益，特别是小运距离长、运输量大、人畜力运输成本太高的项目，更应充分利用索道运输。

物料运输作业人员配置见表8-21。

表8-21　　　　　　　　施工人员配置表（一组运输队）

序号	名称	技工	普工	备注
1	现场指挥	2		中转场1名
2	安全负责人	2		
3	机械师	1		
4	地面人员		10	
合计		5	10	

物料运输设备和机具配置见表8-22。

表8-22　　　　　　　　设备和机具设备表（一组运输队）

序号	名称	型号规格	单位	数量	备注
1	小型牵引机	1~2t	台	1	或电动卷扬机
2	运载小车		台	10	
3	支架		组	6	包含拉线
4	地锚	10t	个	4	
5	钢丝绳	$\phi 21.5$	m	以实际定	用作承载索
6	钢丝绳	$\phi 15$	m	以实际定	用作返空索
7	钢丝绳	$\phi 13$	m	以实际定	用作牵引索
8	卸扣	5t	个	20	
9	机动绞磨	5t	台	1	

整个运输作业流程结束时，必须确保物料达到 GB 50233—2014《110kV~750kV 架空输电线路施工及验收规范》的要求。

质量保证措施如下：

（1）牵引索和承载索选择合适，其拉力应匹配，使牵引索的悬垂曲线和重货车在大跨度中的运动轨迹接近，从而使牵引索对货车作用的附加载荷达到最小，改善牵引索的受力状况。

（2）运行小车与物料之间可采用葫芦等提升装置，以满足装卸料需要。

（3）牵引力应按照所有工况中最不利载荷情况计算，牵引索通过各导向轮的阻力，应计入牵引索的刚性阻力和导向轮轴承阻力。

（4）索道架设过程中应综合考虑地形地质条件，根据锚固原理选择合适的锚固方式与锚固工具。

防止索道部件变形措施如下：

（1）按照程序文件严把进场工器具材料关，进场的工器具必须有负荷试验报告和合格证，进场后要进行工器具外观检验。

（2）正确使用工器具，从线盘上放线时，必须使用放线盘或摇篮架，严禁直接从线盘上抽圈。U型环严禁横向受力。

（3）对各处索道的受力情况要逐一进行计算，严禁工器具超载使用

（4）索道正常运行时，要设专人定期对索道受力部位进行检查。

（5）要防止牵引索在受力位置磨地，如果发现必须及时加托绳滑车。

（6）索道运行过程中，要严格控制货物的重量和间距。

（7）晚上应派专人看护索道系统，防止人为破坏。

（8）定期对全部索道进行巡查，巡查重点是受力器具是否正常，运行人员是否严格按照要求载荷进行运输等。巡查后，要做好记录。

防止地锚失效措施如下：

（1）正确选用地锚规格和地锚钢丝套，索道终端地锚采用10t地锚。

（2）承载索地锚深度应大于3m，尤其要注意在坡地时地锚前侧的土的抵抗力。地锚马道方向要和受力方向一致。如果是用混凝土浇筑的地锚，锚筋直径不能小于 $\phi 25$。锚筋方向和受力方向要一致。

防止高处坠落措施如下：

（1）索道架设施工时，在悬崖处人力展放牵引索时施工人员一定要用安全绳保险，防止从高处坠落。

（2）索道运货时，一定要固定牢固，防止货物坠落，尤其在索道下方是深沟和林木。

（3）在运输塔材、线材时，由于材料为长细构件，可以同时使用两个运载小车运送货物。

（4）运输砂、石、水泥时，在料筒内一定要做好防洒、漏等对索道下方的植被造成污染。

预防林区火灾措施如下：

（1）项目部制定防火制度以及消防应急预案。

（2）对施工人员进行防火意识教育。

（3）施工现场配备灭火设备。

（4）在林区施工的运输索道，施工运行中严禁野外用火。

预防机械及其他工器具伤害措施如下：

（1）进场机械必须为经过检验，有检测报告的机具。

（2）加强机械的维修和保养。

（3）机械必须由持证人员操作，严禁无证操作。

（4）机械平面布置要合理，防止机械受力过大而超载引起损伤。

（5）小型牵引机应由熟练技工操作，操作人员应持证上岗；每次运行前，要认真检查机械个部位状况，操作人员应随时注意牵引索的状况（磨损、断根、断股）以保证安全。小型牵引机操作人员要严密控制牵引力大小，当发现受力过大时，应首先停机并通知各看护人员检查情况，待情况处理后方可开机运行。

（6）索道运行时，装料人员要待在5m外。只有牵引机停止后方可接近装料点。

（7）运行速度不得大于60m/min，索道起、制动时间不得超过6s。

（8）支架立柱、横梁间必须连接稳固，支架底座不得有下沉、滑移迹象。

（9）钢丝绳编接接头的外观，应浑圆饱满，压头平滑，捻距均匀，松紧一致；采用编接连接的牵引索，其编接接头长度不得小于钢丝绳直径的100倍。

（10）采用绞盘式驱动装置时，其牵引索在绞盘上的绕圈数不得少于5圈。

（11）索道运行期间，要定期对地锚、支架、承载索、牵引索等关键部位进行检查并对工作索初拉力进行调整，按要求对驱动装置、钢丝绳等重要部件进行定期保养，对抱索器抱索器螺栓等长期反复使用的部件定期更换，做好机械设备检查、保养、更换部件记录。

预防误操作措施如下：

（1）索道运行时，一定要保证通信联络畅通，信号传递要语言规范、清晰，操作人员在没有听清信号时，要要求对方重复，不能贸然操作。每个支架处必须设专人值守。

（2）在运载小车接近支架和平台时，值守人员要估计、报告运载小车距支架的距离，并要求放慢牵引速度，缓慢通过支架托铁。

（3）对对讲机和电台要及时充电，检查，发现问题及时维修，保证正常使用。

（4）索道运行时，支架、地锚处应设专人值守。操作人员应注意驱动装置、工作索的状况，值守人员应注意支架、地锚的状况，发现异常现象应首先停机检查情况，及时处理解决，确认无误是后方可开机运行。

（5）运输前应确认货车与承载索配合正确，与牵引索连接可靠。

（6）质量较大的物料运输开始牵引时应慢速、平稳。货车接近支架时，值守人员应随时报告货车距支架的距离，并要求放慢牵引速度，缓慢通过支架。

（7）索道超过30天不使用时，应放松工作索张力，排空驱动装置内水和油，并对所有部件进行保养。

（8）停用期间，应派专人看护。重新启用时，应重新调试系统并进行检查及试运行。

索道架设安全控制核心是设备选用及设置、架设弛度控制。不执行以下安全管控措施，将导致物体打击、机械伤害，造成人身伤害事故，固有风险等级属三级。

作业必备条件如下：

（1）施工方案已批准，并完成项目部和班组级交底。

（2）各类人员、安全工器具、施工机械设备、材料等已经报审并批准，满足现场安全技术要求。施工作业前仔细检查现场安全工器具、施工机械设备合格后方可使用。

（3）索道架设按施工方案选用承力索、支架等设备及部件。

（4）驱动装置严禁设置在承载索下方。

（5）上述措施完成后，由作业负责人办理《安全施工作业票 B》，施工项目部审核签发。监理人员现场检查确认后，在作业票中签字，同意开始作业。

作业过程安全管控措施如下：

（1）作业负责人站班会上通过读票方式进行安全交底，并随机抽取 3～5 名施工人员提问，被提问人员清楚且回答正确后开始作业。

（2）作业过程中，作业负责人、监理人员按照作业流程，逐项确认风险控制专项措施落实，同时在《每日执行情况检查记录表》中签字确认。

（3）提升工作索时防止绳索缠绕且慢速牵引，架设时严格控制弛度。

（4）索道架设后在各支架及牵引设备处安装临时接地装置。

索道运输安全控制核心是人员站位、设备使用和检查。不执行以下安全管控措施，将导致物体打击、机械伤害，造成人身伤害事故，固有风险等级属三级。

作业必备条件如下：

（1）施工方案已批准，并完成项目部和班组级交底。

（2）各类人员、安全工器具、施工机械设备、材料等已经报审并批准，满足现场安全技术要求。施工作业前仔细检查现场安全工器具、施工机械设备合格后方可使用。

（3）必须经验收、试运行，合格后方可运行。

（4）索道运输前必须确保沿线通信畅通。

（5）上述措施完成后，由作业负责人办理《安全施工作业票 B》，施工项目部审核签发。监理人员现场检查确认后，在作业票中签字，同意开始作业。

作业过程安全管控措施如下：

（1）作业负责人站班会上通过读票方式进行安全交底，并随机抽取 3～5 名施工人员提问，被提问人员清楚且回答正确后开始作业。

（2）作业过程中，作业负责人、监理人员按照作业流程，逐项确认风险控制专项措施落实，同时在《每日执行情况检查记录表》中签字确认。

（3）小车与跑绳的固定应采用双螺栓，且必须紧固到位，防止滑移脱落。

（4）索道运输时装货严禁超载，严禁运送人员，索道下方严禁站人，驱动装置未停机装卸人员严禁进入装卸区域。

（5）定期检查承载索的锚固、拉线、各种索具、索道支架，并做好相关检查记录。

环保措施如下：

（1）严格遵守国家环境保护法律、法令，对施工区内的生态环境要尽量维护原状，尽力保护施工区内林木、植被，不得破坏施工区外的一草一木，严禁发生任何有违环保精神的行为。

（2）制定环境保护管理规定，保护和改善施工现场的生活环境和生态环境，防止由于施工造成作业污染，应努力做好施工现场的环境保护工作。

（3）运输路径合理，作业范围界定分明，标语牌醒目，机械设备安置合理有序，材料堆放整齐。施工完毕后施工场地须做到工完料尽场地清，所有施工垃圾必须统一回收处理。

（4）机动绞磨、索道牵引机、钢丝绳等工器具与地面不得直接接触，应用彩条布进行隔垫以防油污渗入土中。

通过计算极端工况下承载索的最大张力 T 来选用，初选承载索为 $\phi 22$ 普通钢丝绳。

无集中荷重作用（空载）时，如图 8-49 所示。

$$T = \frac{L^2 \omega}{8 f \cos^2 \beta}$$

n 个集中荷重平均分布时，如图 8-50 所示。

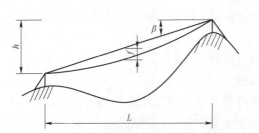

图 8-49 无集中荷重作用示意图

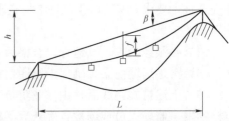

图 8-50 n 个集中荷重平均分布作用示意图

$$T = \frac{L^2}{8f\cos\beta}\left[\frac{\omega}{\cos\beta} + \frac{(n+1)Q}{L}\right]$$

式中 T——承载索的平均张力，kg；

     L——承载索支点间的档距，m；

     ω——承载索单位长度的质量，kg/m；

     f——最大档距中点的弧垂，m；

     β——承载索支持点间的高差角，(°)；

     Q——单个集中荷重的质量（包括附件及其索具质量），kg。

$$f = \alpha L$$

式中 α——载重系数，取 $\alpha=0.08$，则 $f=0.08L$。

极端工况时各参数见表 8－23。

表 8－23   极端工况时各承载索参数表

L（m）	承载索规格	ω（kg/m）	f（m）	β（°）	n	Q（kg）
1000	6×37S＋FCϕ21.5[①]	1.64	80	45	1	1000

① 钢丝绳有 6 股，每个股里面有 19 根钢丝，西鲁式钢丝绳，当中是合成纤维，公称直径为 21.5mm。

将各参数代入公式，计算得出 $n=1$（单个集中荷重）时，最大张力为 $T=9.54\times10^4$N。

6×37S＋FCϕ21.5 普通钢丝绳破断力 $T_p=2.96\times10^5$N，允许安全系数 $[K]=3$，安全系数 $K=T_p/T=3.1>[K]$，合格。

通过计算极端工况下牵引索的最大总拉力 P 来选用，牵引索最大总拉力为

$$P = (P_1 + P_2 + P_3)\varepsilon$$

式中 P——牵引索的最大总拉力，kg；

     ε——牵引端转向定滑车的阻力系数，采用滚动轴承支承的转向定滑车，转角 $\theta=180°$，选取 $\varepsilon=1.02$；

     P_1——集中荷重 Q 沿牵引索方向上的分力；

     P_2——载重动滑车沿承载索滚动时的摩擦力；

     P_3——牵引索的回引绳作用于动滑车上的反拉力，kg，选取 $P_3=100$kg。

$$P_1 = Q\sin\gamma_{max}$$

$$P_2 = \mu_\Sigma Q\cos\beta$$

$$\mu_\Sigma = \frac{\mu}{10} + \mu'R$$

式中 μ_Σ——动滑车的滑轮沿承载索滚动时的总摩擦系数；

μ——动滑车轮轴间的滑动摩擦系数，采用滚动轴承支承的转向定滑车，选取 $\mu=0.02$；

μ'——动滑车的滑轮沿承载索滚动时的滚动摩擦系数，cm，选取 $\mu'=0.06$cm；

R——动滑车滑轮的半径，cm；

γ——冲击摆动角，（°）。

考虑到荷重过中间支柱时的冲击摆动，选取 $\gamma_{max}=75°$；初选 $R=10$。

极端工况时各参数见表 8–24。

表 8–24 极端工况时牵引索各参数表

ε	Q（kg）	γ_{max}（°）	β（°）	μ	μ'（cm）	R（cm）	P_3（kg）
1.02	1000	75	45	0.02	0.6	10	100

将各参数代入公式，计算得出牵引索最大总拉力为 $P=1.11\times10^4$N。

选用 6×37S$+$FC$\phi13$ 普通钢丝绳作为牵引索，其破断力 $P_p=10.6\times10^4$N，允许安全系数 $[K]=4.5$。安全系数 $K=P_p/P=9.5>[K]$，合格。

承载索支柱拉线的计算分为两部分，起点（终点）承载索支柱拉线和中间承载索支柱拉线的受力计算。

起点（终点）承载索支柱拉线受力为

$$P=\frac{(T-T_1)\sin45°}{\cos30°}$$

式中 T——承载索的最大张力，N；

T_1——承载索地锚的最大拉力，N。

起点和终点处承载索地锚等级为 10t，承载索的最大张力 $T=9.54\times10^4$N，承载索地锚足以单独承受不平衡张力，因此起点（终点）承载索支柱拉线选用 $\phi17.5$ 普通钢丝绳作为拉线，受力满足自身结构稳定要求。

中间承载索支柱拉线受力为

承载索支柱拉线主要用于防止当承载索上产生最大不平衡张力 T 不平衡时门形抱杆的倾倒。

$$T_1=T-T_0$$

式中 T——承载索的最大张力；

T_0——当某一档距承载索产生最大张力时，在支柱的另一侧的档距承载索的空载张力。

$$T_0=\frac{L^2\omega}{8f\cos^2\beta}$$

为简化计算,以承载索支柱一侧出现最大档距而另一侧出现最小档距作为极端情况计算。根据承载索的计算公式得出 $T = 9.54 \times 10^4 \text{N}$,$T_0 = 820\text{N}$。

但由于 T 超过了中间过渡支柱上的承载索托铁的设计最大夹紧力为 $6 \times 10^4 \text{N}$,承载索将发生滑动,增大弧垂,将 T 释放到 $T = 6 \times 10^4 \text{N}$,因此 $T_1 = 6 \times 10^4 \text{N} - 820\text{N} = 5.92 \times 10^4 \text{N}$。

4 根承载索支柱拉线中载重另一侧的 2 根参与受力平衡,2 根拉线与运输方向和水平线的夹角分别为 45° 和 30°,则单根拉线最大拉力为

$$P = \frac{T_1 \sin 45°}{\cos 30°} = 4.83 \times 10^4 \text{N}$$

选用 $\phi 17.5$ 普通钢丝绳作为拉线,其破断力 $P_\text{p} = 1.7 \times 10^5 \text{N}$,允许安全系数 $[K] = 3$,安全系数 $K = 0.9 P_\text{p}/P = 3.2 > [K]$,合格。

根据承载索计算、牵引索和支柱拉线计算结果,承载索地锚、牵引索转向地锚、牵引设备地锚和支柱拉线地锚的规格见表 8-25。

表 8-25　承载索地锚、牵引索转向地锚、牵引设备地锚和支柱拉线地锚规格表

名称	承载索地锚	牵引索转向地锚	牵引设备地锚	支柱拉线地锚
规格	10t	3t	3t	5t
个数	两端各 1 个	两端各 2 个	2 个	每个支柱各 4 个

9

索 道 事 故 案 例

9.1　索运小车脱轨事故

2013 年 4 月 30 日，吉林省送变电工程公司在皖电东送 1000kV 淮南—上海特高压交流输电示范工程一般线路工程（12 标段）索道运输中，发生索运小车脱轨，造成 1 死 2 伤。

9.1.1　事故经过

2013 年 4 月 30 日 14 时 45 分，吉林省送变电工程公司在皖电东送淮南—上海特高压交流输电示范工程一般线路工程 12 标段，进行 G121 铁塔索道运输试运时，索运小车空载返回至 G122 塔位小号侧支架，距离小号侧方向 3m 处，承载索距地面 4m，小车距地 3m。3 名作业人员在索运小车下方装载链条葫芦等工器具，并钩挂到小车下方吊钩后，G122 小号侧支架承力索鞍座突然断裂，承力索随即掉落并反弹，导致小车承载索翻落到地面，3 人被小车砸中，造成 1 死 2 伤事故。事故前正常运行示意图如图 9-1 所示。事故现场示意图和现场实景照片如图 9-2 和图 9-3 所示。

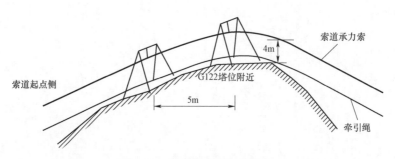

图 9-1　事故前正常运行索道

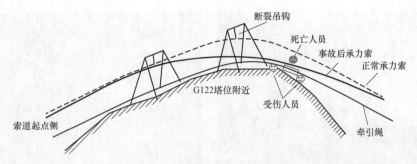

图 9-2 事故现场示意图

9.1.2 事故原因

（1）专业分包单位私自加工的承载索鞍座未经检验、试验即投入使用，索道的承载索鞍座存在质量缺陷断裂导致人身伤亡事故发生。

（2）施工项目部、监理项目部监管不到位。对存在质量缺陷的运输索道进场报审和现场核查不严，未能及时制止存在质量缺陷的索道使用。

图 9-3 事故现场照片

（3）作业人员未佩戴安全帽违章作业，同时，违反施工方案中的安全管控措施"严禁在运输索道承力索下方作业"的规定。

9.2 索运坍塌事故

2009 年 6 月 5 日，华东送变电工程公司在张南至门头沟 500kV 输电线路工程（2 标段）中，发生运输索道垮塌事故，造成 1 人死亡、1 人受伤。

9.2.1 事故经过

2009 年 6 月 5 日，分包单位（四川省输变电工程公司第九工程处）人员杨×安排孔×等 5 人负责将"N144-N140 索道"拆除完的钢丝绳等工器具，通过"黄羊沟公路-N144 索道"运至山下，运输过程中随着钢丝绳在主承力绳上不断缠绕后，增加了索道架体承载重量，连续缠绕至第 18 盘时，索道架体发生垮塌，导致 2 人受伤，其中 1 人经抢救无效死亡。N144 桩号索道架拆除前现场如图 9-4 所示。事故现场如图 9-5 所示。

图 9-4 N144 桩号索道架拆除前现场　　　　　　图 9-5　索道垮塌事故现场

9.2.2　事故原因

（1）索道运输作业中承载重量约为 1.8t，不符合"索道架设施工方案"中"索道一次运输准载重量 1.5t"的规定，超载运送导致事故发生。

（2）施工单位进行劳务分包后，该劳务分包单位将索道架设工程擅自转包给个人茅×，茅×再次将实际工作转包给杨×，对层层违法转包的行为监管缺失，导致管理失控。

（3）施工项目部对分包人员未进行安全教育培训及作业前交底，监理项目部对现场作业安全未进行严格检查。

附录 A　N19～N22 单基策划

N19～N12 索道路径如图 A1 所示。

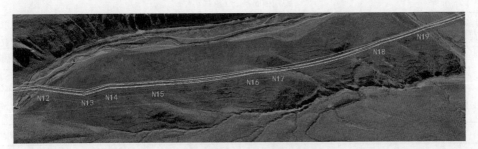

图 A1　N19～N12 索道路径

N19～N22 索道断面如图 A2 所示。

图 A2　N19～N12 索道断面

图 A2 中，红色竖直线条为索道支架；黑色线条为无荷载时承载索的轨迹；绿色线条为物件行走轨迹。

川藏铁路拉萨至林芝段供电工程配套工程线路工程包 7 索道单条策划见表 A1。

表 A1　川藏铁路拉萨至林芝段供电工程配套工程线路工程包 7 索道单条策划

索道名称：N19-N12　　　　　　　　　　　　　　　　　　　　所属施工队：　1　队

基本信息								
服务塔位	塔位基础材料质量（t）	额定荷载（t）	承载索数量（根）	跑车轮数量（个）	中挠系数	挂钩高度（m）	物件最大高度（m）	架设负责人
N19-N12	842.5	1	1	6	0.04	0.5	1.5	

基本材料选择						计算结果			
绳索类型	规格名称	直径（mm）	截面积（mm²）	单位自重（N/m）	破断力（t）	最大受力（kN）	安全系数	是否选用	备注
承载索	1700-20	20	151.24	14.29	25.7	8.582	2.99	选用	单承载索

续表

绳索类型	规格名称	直径（mm）	截面积（mm²）	单位自重（N/m）	破断力（t）	最大受力（kN）	安全系数	是否选用	备注
牵引索	1700－12.5	12.5	57.27	5.41	9.73	1.73	5.62	选用	
返空索	1700－15.5	15.5	89.49	8.95	15.2	2.888	5.26	选用	受力很小

终端锚固系统（承载索）

地锚额定荷载（t）	地锚实际受力（t）	安全系数	选用地锚类型	地锚个数（个）	地锚最小埋深（m）	马槽对地角度（°）	锚固钢丝绳选用	地锚埋设负责人	施工队长确认
10	8.58	3	钢板	1	1.66	45	φ20		

支架

支架编号	跨度（m）	高差（m）	最大水平受力（kN）	最大拉力（kN）	窜移量（m）	支架竖直受力（t）	高度（m）	倾斜角度（°）	注意事项
1	83.19	50.28	53.84	66.70	0.25	0.00	0.00	90.00	终端锚固
2	60.68	28.23	46.34	54.22	0.36	57.62	6.00	90.00	
3	99.60	0.17	51.34	51.80	0.65	42.26	6.00	90.00	
4	164.38	11.86	41.65	42.91	1.96	6.24	6.00	90.00	
5	141.82	－1.35	40.09	40.79	1.82	11.38	6.00	90.00	
6	697.47	67.77	60.72	63.06	2.86	5.96	6.00	90.00	
7	190.11	10.81	40.09	41.26	4.55	15.08	6.00	90.00	
8	503.52	17.54	51.89	53.15	2.11	11.09	6.00	90.00	
9	257.31	31.42	49.47	51.41	2.06	8.98	6.00	90.00	
10	318.56	－12.70	54.62	55.64	0.35	16.29	6.00	90.00	
11	28.75	－8.17	36.97	40.62		0.00	0.00	90.00	终端锚固
12									
13									
小计	2545.39								
需求量	2645.39	195.86							

材料需求量

序号	名称	规格	数量	备注	序号	名称	规格	数量	备注
1	承载索	20mm	2830.567 3	单承载索	7	元宝卡	各种型号	根据需求	
2	牵引索	12.5mm	5661.134 6	循环式	8	U型环	10t	8	终端锚固
3	返空索	15.5mm	2830.567 3	循环式	9	U型环	8t	8	
4	转向滑车	合金	4		10	U型环	5t	12	拉线用
5	地锚	10t	4		11	钢丝套	20mm	4	承载索里面考虑
6	索道牵引机	5t	1		12	支撑器		3	

续表

序号	名称	规格	数量	备注	序号	名称	规格	数量	备注
13	行走小车	单轮	6		18	支架	12m	0	
14	鞍座		3		19	拉线	15.5m	12	
15	支架	6m	1		20	葫芦	9t	1	紧承载索
16	支架	5m	2		21	电动葫芦	3t	2	上下货物
17	支架	10m	0		22				

材料领用人签字：　　　　　　　　　发货人签字：　　　　　　　　日期：

附录 B　牵引设备相关性能及参数

B1　用途

随着我国特高压电网建设的不断发展，索道牵引机主要用于送变电公司在山区施工过程中各种物料的运输。目前我公司使用的是由扬州市振东电力器材有限公司制造的 SQJ-Ⅱ型和由河南旭德隆电力设备有限公司制造的 SQJ-5A 型索道牵引机。该设备具有结构简单、便于操作，输送能力大，安全可靠，正反向不同速度等优点。

B2　组成

索道牵引机采用双卷筒牵引结构，主要由动力系统、调速机构、制动系统和牵引装置等部分组成。

动力系统。采用水冷柴油机。

调速机构。SQJ-Ⅱ型调速机构分为 8 个档位：前进 1、2、3、4 档和倒退 1、2、3、4 档；SQJ-5A 型调速机构分为 6 个档位：前进快和慢档、倒退快和慢档、M 档快和慢档。

制动系统。设备制动系统分为两个机构：变速箱内制动机构和外部手动刹车机构。两套制动机构在正反转情况下均可实现制动功能。

牵引装置。设备分牵引装置为两个平行安装、相向同步旋转的多槽卷筒。

B3　技术参数

设备参数见表 B1。

表 B1　　设　备　参　数

型号 ＼ 参数	SQJ-Ⅱ型	SQJ-5A 型
动力	水冷柴油机	水冷柴油机
功率（kW）	30	27.2
转速（转/分）	2600	2200
卷筒形式	有绳槽的双卷筒对轮形式	
卷筒底径（mm）	308	326

型号　　　参数	SQJ-Ⅱ型	SQJ-5A型
绳槽数	6	6
适用钢丝绳直径	$\phi 11\sim\phi 17.5$	$\phi 11\sim\phi 17.5$
整机质量（kg）	865	850
外形尺寸（mm）	1500×1200×1050	1420×1050×950

牵引力和牵引速度见表 B2。

表 B2　　　　　　牵 引 力 和 牵 引 速 度

	档位	前1	前2	前3	前4	倒1	倒2	倒3	倒4
SQJ-Ⅱ型	牵引力（KN）	82	40	30	15	82	40	30	15
	牵引速度（米/分）	16	33	43	88	16	33	43	88
	档位	前进快	前进慢		倒档快		倒档慢	M档快	M档慢
SQJ-5A型	牵引力（KN）	10	35		12		40	25	84
	牵引速度（米/分）	85	40		80		35	50	15

B4　实物照片

SQJ-5A型索道牵引机如图 B1 所示。

图 B1　SQJ-5A型索道牵引机

SQJ－Ⅱ型索道牵引机如图 B2 所示。

图 B2　SQJ－Ⅱ型索道牵引机

B5　工作流程

B5.1　开机前检查

（1）检查各锚点是否牢固，转向滑轮转动是否灵活，牵引索是否张紧。

（2）观察牵引机外表面是否有损伤，表面是否清洁；水箱、油箱、仪表是否完好；是否有漏油、漏水现象。

（3）观察传动张紧程度是否适中，传动带表面是否干裂。

（4）检查机油尺刻度是否达到标准刻度；水箱中冷却水是否达到要求刻度；观察油量是否充足，燃油是否有杂质。

（5）离合器是否分离正常。

（6）检查变速箱油面是否达到要求，变速箱通气孔是否畅通；变速箱与减速箱传动螺栓是否松动。刹车鼓是否完好，手刹是否收放自如，是否有粘连。

（7）传动部位是否有异物。

（8）卷筒轮槽是否磨损过大。

（9）检查仪表盘是否稳固，表上显示与实际是否相符。

（10）确保熄火开关关闭，油门最小位置，档位处于空挡位置。

B5.2　开机预热

（1）扭动启动开关 3～5s 后松开，如不能启动请暂停 15～25s 后再重新启动。

（2）启动后保持怠速 30s 后，稍加油门至发动机不抖动（柴油机怠速时间不可过长）。预热时间大约 2min。

B5.3　正常工作

（1）发动机预热后，在刚开始加油至 700 转/min，待水温达到 75℃后方可进行正常牵引作业。

（2）操作人员必须严格依照使用说明书的规定进行各项功能操作，根据各档位牵引参数表选择牵引速度。

（3）开始运输时，先将离合器手柄置于分离位置，变速手柄放在慢档位置。加油至发动机转速 1000 转/min，将离合器手柄慢慢置于结合位置，待所运货物开始移动后再逐渐加速。

（4）根据所运货物的质量适当调整发动机转速和变速手柄位置选择适当的运输速度。

（5）通过中间门架时牵引速度要放慢，待小车顺利通过后再加速。

（6）运输过程中需要停止时，将油门关小，档位摘空后，离合手柄重新置于结合位置。

（7）反向运输时，将档位置于倒挡位置。其余操作与前述相同。

（8）运行结束后，将油门关小，档位摘空后，离合手柄重新置于结合位置，怠速运行到水温降至 80℃后方可熄火停机。

B5.4　停机检查

（1）运行结束后，将牵引绳锚固，使牵引机处于不受力状态，然后拉起手刹。

（2）检查机器外观是否受损，皮带、卷筒、钢丝绳受损情况。

（3）检查冷却液、发动机和变速箱润滑油是否充足。

（4）观察燃油、冷却水消耗情况。

（5）如不需要及时检修或长时间停止使用，请将机器用篷布遮盖，避免风雨侵蚀。

（6）做好当班记录，对发现的问题及时汇报直至检修合格。

B6　注意事项

（1）工作人员必须佩戴安全帽等必要的安全防护用品。

（2）被牵引物左右及下方禁止站人。

（3）禁止用于载人牵引。

（4）不能超负荷运行。

（5）牵引索不可与地面或其他异物摩擦，避免发生断绳事故。

（6）发动机水温表显示温度 80～90℃时为正常工作温度，超过 90℃必须停止牵引。但不可立即熄火，不可打开水箱盖，应怠速至水温降至 80℃以下再熄火。引起水温过高的原因通常为发动机缺水。用厚毛巾垫好打开水箱盖加入冷却液。

（7）发动机运转时，请勿靠近飞轮、皮带、卷筒等运转部件。

（8）牵引速度不可急加、急减。

（9）严禁发动机在无符合状态下高速运转。

（10）离合在分离位置时，严禁工作时间超过 30s。